生物信息学最佳实践

主编 冉隆科

U0230614

科学出版社

北京

内 容 简 介

本书共六章,第一章介绍生物信息学使用环境搭建,主要介绍 Linux 的发行版、安装、基本配置及远程访问工具;第二章介绍生物信息学分析中主要用到的基本 Linux 命令,并使用生物信息数据进行实例操作;第三章介绍生物信息学的基本序列比对,包括 BLAST 比对、BLAT 比对及 Clustal W 多序列比对等;第四章和第五章介绍目前生物信息学研究领域的热点——高通量数据分析方法,包括基因芯片分析和 RNA-seq 分析;第六章介绍蛋白质结构预测的基本方法。全书内容介绍由浅入深,重视对生物信息学实践能力的培养,通过生物信息学工具和方法来分析具体的生物信息学数据,从而使读者逐步打开生物信息学的大门。本书特别适合刚刚涉入生物信息学研究的初学者,同时也适合对生物信息学感兴趣的研究生参考使用。

图书在版编目(CIP)数据

生物信息学最佳实践 / 冉隆科主编. —北京:科学出版社,2016.3
ISBN 978-7-03-047561-9

Ⅰ.生… Ⅱ.冉… Ⅲ.生物信息论 Ⅳ.Q811.4

中国版本图书馆 CIP 数据核字(2016)第 043552 号

责任编辑:戚东桂 / 责任校对:彭 涛
责任印制:李 彤 / 封面设计:陈 敬

科 学 出 版 社 出版
北京东黄城根北街 16 号
邮政编码:100717
http://www.sciencep.com

北京凌奇印刷有限责任公司 印刷
科学出版社发行 各地新华书店经销
*
2016年3月第 一 版 开本:B5(720×1000)
2023年1月第 四 次印刷 印张:8 3/4
字数:154 000
定价:48.00元
(如有印装质量问题,我社负责调换)

《生物信息学最佳实践》编写人员

主　编　冉隆科
副主编　张帆涛
编　者　（按姓氏汉语拼音排序）
李　广　重庆医科大学
彭　睿　重庆医科大学
冉隆科　重庆医科大学
谭鹏程　重庆医科大学
唐娅琴　重庆医科大学
汪克建　重庆医科大学
张帆涛　江西师范大学
张永红　重庆医科大学

前　言

随着人类基因组测序的完成，大量的高通量数据（包括基因芯片数据和二代测序数据）涌现，越来越多的人类基因组数据得到解读，为临床诊断各种疾病提供了强有力的支撑。由此可以看出生物信息学学科的重要性及发展潜力，但同时这门课程是一门交叉学科，只有具备计算机科学、数学、统计学、生物化学等综合知识才能更好地进行生物信息学数据挖掘。编者在高校从事各个层次学生的生物信息学课程教学，从而更能理解学生对这门课程的渴求和极大兴趣，但同时又碍于无从着手，对实际问题缺乏分析解决能力的现状。

为此，编写本书力争从基本的概念着手，包括 Linux 操作系统的安装及主要命令使用、基因序列比对、基因芯片分析、RNA-seq 分析和蛋白质结构分析等。每章都配备有具体的操作案例和代码，每个步骤讲解详细，由浅入深，使初学生物信息学的读者能很快上手，并逐步掌握各种生物信息学分析软件的使用，最后达到对具体的生物信息学数据进行分析挖掘的目的。本书的一大特色是案例丰富，注重实践能力的培养，并附有大量的分析数据和源代码。

本书的编写得到了重庆医科大学基础医学院管理部门的大力支持，以及各编写人员的大力配合，在此表示衷心的感谢。

本书可供初学生物信息学人员使用，也可供与生物信息学结合紧密的学科人员参考，同时也可作为生物信息学培训课程教学使用。由于编者能力有限和时间仓促，书中不足之处在所难免，敬请读者批评指正。

舟隆科

2015 年 12 月

目　　录

第一章　生物信息学使用环境搭建

第一节　Linux 系统简介

Linux 是一个基于 Unix 的操作系统，最初是由芬兰赫尔辛基大学计算机系学生 Linux Torvalds 编写而来，并把它放到网上，使之成为"开源"。因此，该操作系统不属于任何人所有，但可以免费下载和使用。每个人对 Linux 的修改都可能被采纳，这样逐渐被发展成为一个强大的并被全世界的大量用户广泛采用的系统，特别是在寻找替换 Windows 的用户。

Linux 系统之所以会成为目前最受关注的系统之一，主要原因是它具有以下的优势。

一、免 费 获 取

Linux 系统最明显的优点是可以免费获取，而微软 Windows 产品，不仅庞大而且往往还需要收费，并且其系统仅允许安装在单一的一台计算机上。而 Linux 发布版可以同时安装在多台计算机上，而不必付额外的费用。

二、跨平台的硬件支持

Linux 目前支持 X86、Alpha、AMD 和 SPARC 等处理器平台，从大型计算机到服务器、桌面系统、移动平台，甚至包括嵌入式系统在内的各种硬件设备等。多数在计算机上使用的巨大外部设备，Linux 都支持。

三、丰富的软件支持

安装了 Linux 操作系统后，绝大多数的软件，包括常见的办公软件、各种图形图像处理工具、多媒体播放软件及各种网络工具等软件都已安装，用户不必另外安装。对于程序开发者来说，Linux 更是一个很好的操作系统，支持多个软件包，包含 Gcc、Cc、C++、Tcl/Tk、Perl、Fortran77、python 等多种程序语言与开发工具。Linux 系统下的软件与 Windows 系统下的软件相比更倾向于拥有更多的特性和众多的帮助文档，并且绝大多数的 Linux 软件是开源和免费的。对于用户来说，不仅获取软件是免费的，而且还可以修改软件的源代码使之满足更多的特性要求。

四、多用户多任务

Linux 与 Unix 系统一样，是一个真正的多用户多任务的操作系统。在 Linux 系统下，每个用户对自己的文件设备拥有特殊的权利，从而保证各个用户之间相互独立、互不影响。多任务是现代计算机最主要的一个特点，在 Linux 下，系统调度每一个进程是平等地访问处理器，因此它可以使多个程序同时并独立地运行。

五、可靠的安全性

Linux 系统通过使用安全认证，包括密码保护、控制访问等方式来访问每个特定的文件和加密数据，从而使系统安全可靠。Linux 系统是一个先天具有病毒免疫能力的操作系统，很少受到病毒的攻击。当然对于一个开放式系统来说，在方便用户的同时，很可能存在安全隐患。但利用 Linux 系统自带的防火墙、入侵检测和安全认证等手段，可以及时修补系统漏洞，从而能大大提高 Linux 系统的安全性，使黑客攻击者无机可乘，使用户无需另外购买系统安全防护软件。

六、良好的稳定性

Linux 是基于 Unix 概念发展起来的，因此继承了 Unix 稳定并且高效率的特点。加之 Linux 系统内核源代码是以标准规范的 32 位或 64 位计算机来进行最佳化设计的，从而可确保其系统的稳定性。正因为 Linux 的稳定，才使得 Linux 服务器可以常年于无关机状态下运行。

七、完善的网络功能

Linux 内置了很多丰富的免费网络服务器软件、数据库和网页开发工具，如 Apache、Sendmail、Samba、WuFtp、SSH、MySQL、PHP 和 JSP 等。现在越来越多的企业利用 Linux 的这些强大功能来构建自己全方位的网络服务器。

第二节　Linux 操作系统安装及基本配置

　　1991 年，芬兰赫尔辛基大学计算机系大学生 Linus Torval（李纳斯·托瓦兹）开发了一个自由的、类似于 Unix 的操作系统，并将其源代码通过 Internet 发布在网上供大家修改。随着电脑黑客、编程人员加入到开发过程中，Linux 逐渐成长和壮大起来。Linux 遵从通用公共许可协议（general public license,GPL），开发源代码。

　　目前生物信息学领域对基于 Linux 的计算机和软件依赖性很强，虽然绝大多数的生物信息学程序能在 Mac OS X 和 Windows 操作系统下编译和运行，但对于 Linux 系统来说，一个预编译的二进制程序更容易获得、并且能提供给用户许多的程序文档，因此在 Linux 下安装和使用生物信息学软件更加方便；加之目前的绝大多数软件都是用 C、perl 及 python 开发的，这些语言对 Linux 具有很好的兼容性。

　　目前，对于绝大多数用户来说，最简单访问 Linux 系统的方法是通过使用 Mac 或 Windows 机器连接访问来实现。这种安排的好处是允许多个用户同时运行一个专门有丰富经验的系统管理员担任维护的 Linux 系统中的软件。当然，对于一个没有什么经验的用户，也可以通过在 PC 级上亲自安装 Linux，或者使用一个 Live CD 来运行 Linux 虚拟机。当然，在实际的生物信息学分析中，用户主要通过远程登录、使用基于文本的终端访问远程 Linux 服务器的方式，来运行统计和生物信息学软件。因此，本书主要是基于远程访问方式来使用 Linux 系统。

一、Linux 发行版介绍

　　Linux 主要作为 Linux 发行版的一部分而使用。一个典型的 Linux 发布版是由众多的软件集合组成的一个操作系统，该操作系统基于 Linux 内核，通常是一个管理系统包。Linux 用户通过下载 Linux 发布版来安装 Linux 操作系统，该操作系统可以在嵌入式设备、个人计算机及功能强大的超级计算机中使用。一个典型的 Linux 发布版包括 Linux 内核、GUN 工具集合和链接库、软件包、各种文档、图形界面的 Windows 管理器及桌面环境等。并且绝大多数的 Linux 软件是以免费和开源的形式发布，从而允许用户修改该软件。几乎所有的 Linux 发布版都类似于 Unix，但 Android 系统是一个例外，它既不包括基于命令行的接口，也不由典型的 Linux 发布程序组成。

　　目前 Linux 发行版超过 300 个，最普遍被使用的也有十多个。下面对最常见使用的几个发行版进行简单介绍。

（1）Ubuntu：Ubuntu 是 Debian 的一款衍生版，也是当今最受欢迎的免费操作系统。Ubuntu 侧重于它在这个市场的应用，在服务器、云计算，甚至一些运行 Ubuntu Linux 的移动设备上很常见。作为 Debian Gnu Linux 的一款衍生版，Ubuntu 的进程、外观和感觉大多数仍然与 Debian 一样，它使用 apt 软件管理工具来管理和安装程序包，是非常适合新手用户使用的一款操作系统。

下载 Ubuntu ISO 映像文件的网址：http://www.ubuntu.com/download。

（2）Fedora：Fedora Linux（第 7 版以前为 Fedora Core）是众多 Linux 发行版之一。它由 Fedora 项目社区开发、Red hat 公司赞助，其目标是创建一套新颖、多功能并开放源代码的操作系统。Fedora 基于 Red Hat Linux。在 Red Hat Linux 发行版终止后，Fedora 就取代了 Red Hat Linux 在个人领域的应用，而 Red Hat 企业版 Linux 则取代 Red Hat Linux 在商业应用的领域。 Fedora 官方支持 x86、x86-64 及 PowerPC 等处理器。Fedora 有庞大的用户论坛和为数不少的软件库，使用 YUM 来管理软件包。下载 Fedora 18 DVD ISO 映像文件的网址：http://mirrors.ustc.edu.cn/fedora/linux/releases/18/Fedora/x86_64/iso/。

（3）OpenSUSE：其是 1992 年由德国的 4 位 Linux 爱好者 Roland Dyroff、Thomas Fehr、Hubert Mantel 及 Burchard Steinbild 共同推出的 SuSE Linux 操作系统下的一个项目（Software und System Entwicklung）。2003 年底，SuSE Linux 被 Novell 公司收购。目前 OpenSUSE 拥有大批满意的用户，并拥有漂亮的桌面环境——KDE 和 GNOME，以及优秀的系统管理工具 YaST。下载 OpenSUSE 13.1DVD ISO 映像文件的网址:http://software.opensuse.org/131/zh_CN。

（4）Debian：Debian 运行起来极其稳定，这使得它非常适用于服务器。Debian 维护三套正式的软件库和一套非免费软件库，这给另外几款发行版，如 Ubuntu 带来了灵感。Debian 这款操作系统派生出了多个 Linux 发行版。它有 37 500 多个软件包。Debian 使用 apt 或 aptitude 来安装和更新软件。Debian 这款操作系统并不适合新手用户，主要适合系统管理员和高级用户使用。Debian 支持如今绝大多数处理器架构。下载 Debian 7.5 ISO 映像文件的网址：http://cdimage.debian.org/debian-cd/7.5.0/kfreebsd-i386/iso-dvd/。

（5）Slackware：Slackware 是 Linux 操作系统中最古老的发行版。它于 1992 年底由 Patrick Volkerding 创建。1993 年 7 月发布了第一个 Linux 发行版的 Slackware。Slackware 特别适合那些喜欢学习和玩弄个性化需求的用户使用。Slackware 的稳定性和简单化是至今为止人们还继续使用它的原因。Slackware 桌面能运行任务 X Windows 管理器和桌面环境，在服务器市场仍然很流行。下载 Slackware 映像文件的网址：http://www.debian.org/distrib/。

(6)CentOS：CentOS 是 community enterprise operating system 的缩写。它提供一个免费的、企业级的、社区支持的计算平台。它和红帽企业级 Linux(RHEL)功能相兼容。2014 年，CentOS 宣布和红帽进行正式合作，但仍和 RHEL 保持独立。因此 CentOS 同样使用 YUM 来管理软件包，并拥有非常稳定的程序包；如果想在桌面端测试一下 Linux 服务器的运作原理，都应该试试这款操作系统。

下载 CentOS 6.5 64 位映像文件的网址：http://isoredirect.centos.org/centos/6/isos/x86_64/。

二、Linux 操作系统的安装

由于 Fedora 18 操作系统对服务器、桌面版都能提供很好的支持。因此本书讲述的所有例子都以 Fedora 18 操作系统进行。常见的 Fedora 18 的安装有两种方法：即单独安装 Fedora18 操作系统和 Windows 系统与 Fedora 18 共存两种方式，下面就 Fedora 18 操作系统的安装步骤进行详细说明。

（1）安装前的准备及系统需求：首先从上述 Fedora 18 提供的映像网址下载 Fedora 18 DVD ISO 映像文件 Fedora-18-x86_64-DVD.iso，然后通过 DVD 刻录软件——nero 等刻录成 DVD 光盘，用这张光盘来安装 Fedora 18 系统。在安装 Fedora 18 系统之前，必须确保计算机至少具有以下配置：硬盘 2GB 以上，内存 4GB。

（2）单独安装 Fedora 18 操作系统：重新启动电脑，按"Del"键，进入电脑"cmos"设置，选择引导盘为光盘，保存退出。光盘开始引导系统，如图 1-1 出现 Fedora 18 启动界面，有三个选项，具体如下所述。

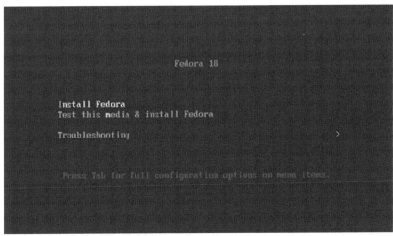

图 1-1　Fedora 18 启动界面

1）"Install Fedora"：选择这个选项，表示采用图形界面来安装 Fedora 18 系统到用户的电脑。

2）"Test this media & install Fedora"：这是默认选项，在安装 Fedora 18 系统之前，检测安装盘的完整性。

3）"Troubleshooting"：选择该选项会出现几个其他的引导选择。

如果确认安装盘没有问题，则选择第一项"Install Fedora"，然后按回车键。

（3）语言选择：如图 1-2 出现"欢迎使用 Fedora 18"界面。移动鼠标选择语言为"中文（中国）"，也可以直接在下面的搜索文本框中输入用户喜欢的语言。如果要将键盘布局设置为与选中的语言一致，请同时选中搜索框下面的复选框。然后按"继续"按钮。

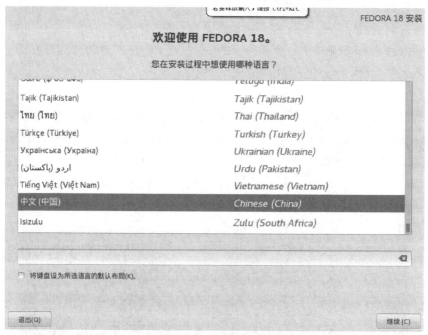

图 1-2 "欢迎使用 Fedora 18"界面

（4）安装信息摘要：如图 1-3 所示，该界面有几大选项："本地化"项有"日期&时间"及"键盘"，"软件"项里面有"安装源"、"网络配置"及"软件选择"，"存储"项里面有"安装目标位置"等内容。操作方法：用鼠标选择要安装的配置项菜单，但完成该项配置后，通过点击该项中的"完成"按钮来完成该项的配置。

点击"日期&时间"项选择区域为"Asia"，城市为"Shanghai"，开启网络时间，然后设置时间和日期。最后点"完成"按钮来结束该项安装配置。

图 1-3 "安装信息摘要"界面

点击"键盘"配置项来配置键盘，如图 1-4 所示，选中"Chinese（Chinese）"，然后点"完成"按钮来完成键盘配置。

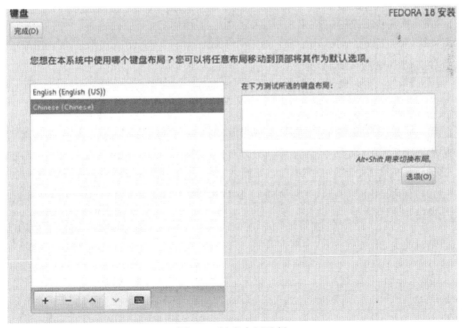

图 1-4　键盘布局选择

从安装信息摘要菜单中选择"安装源"项来定位需要安装的 Fedora 18 的来源文件，如图 1-5 所示，选择可用的本地安装媒体（包括 DVD 或 ISO 文件）或网络安装位置。选择下面的几个选项。

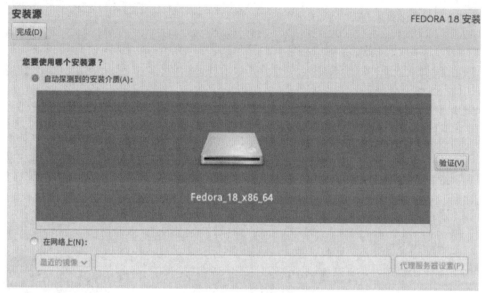

图 1-5　安装源选择

Auto-detected install media：自动探测安装介质。

ISO file：指定一个本地 ISO 文件所在的磁盘位置。点击"验证"按钮来验证该 ISO 文件是否可用来安装。

On the network：指定一个网络安装位置，会出现以下几个选项，根据具体的网络情况进行选择："Closest mirror："、"http：//："、"https：//"、"ftp：//："、"nfs："。

从安装信息摘要菜单中选择"网络配置"，如图 1-6 所示，该网络配置用来配置计算机的联网设置，包括网络 IP 地址、网关、子网掩码，以及 DNS 和主机名。为了节省安装时间，也可以在系统安装完成后进行单独配置。

为了指定 Fedora 18 将安装哪一个软件包，则从安装信息摘要菜单中选择"软件选择"，如图 1-7 所示。缺省状态下，Fedora 18 安装 GNOME 桌面环境，然后从右边选择要增加或删除的软件。可以选择开发工具、Fedora Eclipse 等软件包。

图 1-6　网络配置选择

从安装信息摘要菜单中选择"安装目标位置"，如图 1-8 所示，选中将要安装到的磁盘分区位置。用户可以选择自动创建磁盘分区，或者选择手动分区来创建自定义布局。

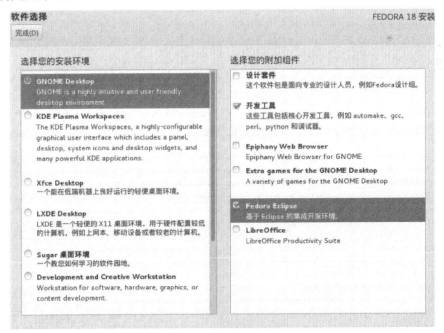

图 1-7　安装软件选择界面

图 1-8　安装目标位置选择

如果要手动创建自定义安装分区，如图 1-9 所示，则选择"自定义磁盘分区"。然后点"继续"按钮进入自定义磁盘分区。

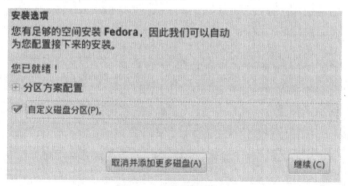

图 1-9　安装选项选择

自定义磁盘分区一般推荐创建四个分区："swap 分区"、"/boot 分区"、"/分区"及"/home 分区"。具体划分的分区大小如下所述。

swap 分区：至少 256MB，具体大小视计算机内存而定，参考标准如表 1-1 所示。

表 1-1　系统内存参考标准

系统的内存大小	推荐的 swap 分区大小
2GB	内存大小的 2 倍
2～8GB	和内存大小一致
8～64GB	内存大小的 1/2
>64GB	4GB

/boot 分区：250MB。系统的每个内核安装需要占用大约 10MB 的空间，如果用户不打算在系统中安装多个内核，缺省的 250MB 空间已经足够了。

/分区：3.0～5.0GB：根分区是所有文件结构的最顶层。3.0GB 是最小安装所需容量，5.0GB 容量允许用户执行完全安装，选择所有的包组。

/home 分区：至少 100MB，具体视硬盘大小和用户所需空间而定。

当然，除了以上的基本分区外，用到的分区还有"/var"和"/usr"等。

(5)开始安装：当所有必需的安装摘要信息菜单项完成后，在菜单屏幕底端的黄色警告信息将消失，"开始安装"按钮将可用。

(6)配置菜单和进程界面：一旦点击安装摘要信息菜单中的"开始安装"按钮后，将出现"配置菜单和进程"界面。Fedora 将显示用户的安装系统中已经选择的安装包的安装进程信息。如图 1-10 所示。

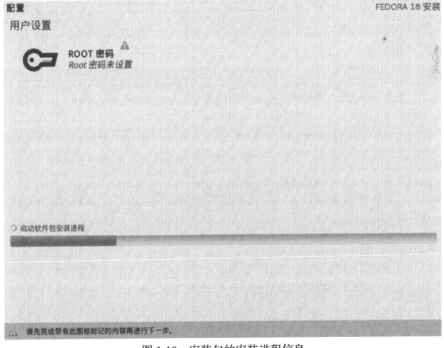

图 1-10　安装包的安装进程信息

点击"Root 密码"项，进入 Root 账户密码设置，如图 1-11 所示。

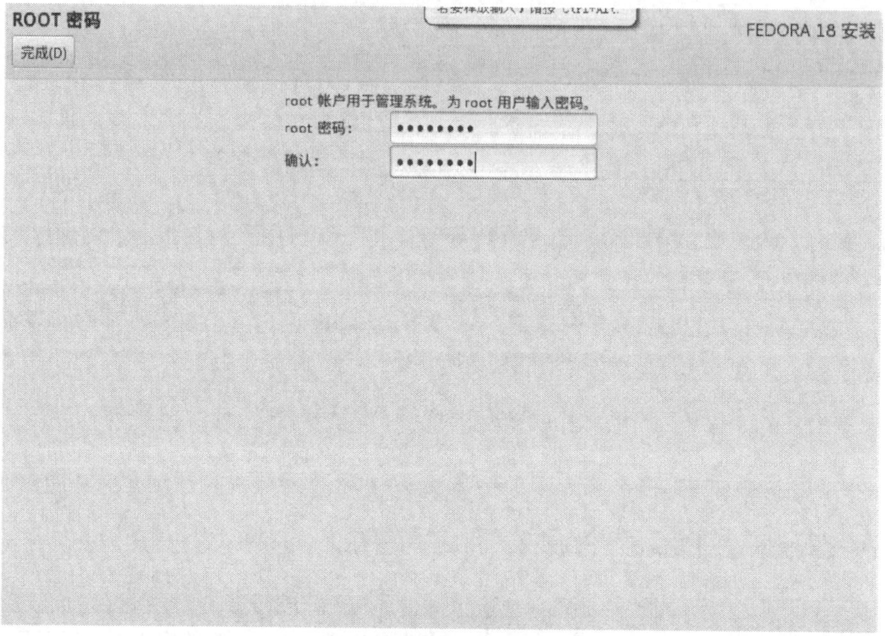

图 1-11　Root 密码设置

　　(7)安装完成。当所有的软件包安装完成后，"恭喜你"，Fedora 安装完成。点击"重新启动"按钮，就会通过新安装的 Fedora 来引导用户的系统，记住在 Fedora 启动前，要移除任何安装介质。

三、Windows XP 系统与 Fedora 18 共存

　　如果要在已有的操作系统中，如 Windows XP 中安装 Fedora 18，而又不损坏现有的 Windows XP 系统内容和数据，则使用 Windows 系统与 Fedora 18 共存方式安装，又安全又快，其步骤如下。

　　(1)ext3 格式的磁盘分区：从磁盘上划分一个 5G 左右的磁盘分区。用 Windows XP 安装光盘下自带的 Norton Partition Magic 8.0 分区软件，将其格式化为 ext3 格式。

　　(2)划分一块来安装 Fedora 18 系统的自由分区：也就是要安装的 Fedora 18 操作系统所在分区，具体大小由磁盘大小决定，不过最好大于 10GB。分区采用 Partition Magic 8.0 或 Windows XP 自带的磁盘管理工具来实现。要注意的是，要安装的 Fedora 18 所在的分区一定是自由分区，不是未分配分区。

（3）用 Ext2Fsd 软件拷贝文件到 ext3 格式分区中：由于 Windows XP 不能识别 Linux 的 ext3 格式分区，因此可以使用 Ext2Fsd 软件来读写 Linux 的 ext3 分区，从而通过该软件就能把 Fedora 18 系统的整个 iso 安装包和其下的 ios Linux 文件夹拷贝到 Linux 的 ext3 分区的根目录下。

（4）拷贝文件到 Windows XP 的 C 盘根目录下：将磁盘管理软件 gru4dos 下的 grub、gldr 及 menu.ls 文件拷贝到 C 盘根目录下，如果要想在启动时出现中文菜单，则需将程序 gru4dos 里面"Chinese"文件夹下的"grub"和"grldr"文件替换程序下的相同文件。

（5）编辑 menu.lst 文件。通过记事本打开，添加以下内容

title Install Fedora 18

root（hd0，0）

kernel（hd0，6）/isolinux/vmlinuz linux askmethod repo=hd：/dev/sda7：/；initrd（hd0，6）/isolinux/initrd.img

　boot

代码说明如下。

1）（hd0，0）代表的是 WindowsXP 所在的 C 盘，6 代表对应的是 Windows 标识分区号，7 代表的是 Linux 的 ext 分区号（也就是 Linux iso 文件所在的盘）。两者都是指同一分区 F 盘，Linux 分区下的盘符号要比 Windows 多 1，并且是 sda 开头，Windows 是 hd0 格式，比如 Windows 下的 D 盘（hd0，4）对应 Linux 下的 sda5，依次类推。切记，如果只有一块硬盘，逻辑分区的第一个分区是 sda5，依次类推。

2）如果去掉"linux askmethod repo=hd：/dev/sda7：/"，表示从光盘安装。

（6）编辑 C 盘根目录下的 boot.ini 文件，由于其是隐藏只读文件，需去掉隐藏只读属性，并在文件最后面添加一行：

　　C：\GRLDR="GRUB"

然后保存退出。

（7）重启计算机，选择"Grub"，选择"Install Fedora 18"，敲回车键后就可以正常安装 Fedora18 了。

（8）安装完成后，如果无法进入 Fedora 18 所在分区，则在启动时按"F8"，进入命令模式删除 menu.lst、grub、grldr 等文件，重新编辑或恢复 Windows 下的 boot.ini，并加入 Fedora18 即可。这样启动时可以选择从 Windows XP 或 Fedora 18 引导系统。

四、Linux 下的远程访问配置

在安装完 Fedora 18 后，用语句

```
# sudo yum -y update
```

升级一下系统，这样可以解决以后安装软件时存在的软件依赖问题。由于 Fedora 18 系统是安装在服务器端或工作站上的。如果用户要使用远程工具，如 Putty 等，通过域名或 IP 地址远程连接到 Fedora 18，则需要在系统下进行 DNS 配置。下面以 Bind9 软件为例在 Fedora 18 下进行 DNS 配置。

（1）安装软件 Bind。版本号为 Bind-9.9.2.tar.gz，首先在系统中查看是否安装了 Bind 程序，在命令行下执行

```
# rpm –qa | grep bind
bind-utils-9.9.2-10. P2.fc18.x86_64
bind-libs-9.9.2-10.P2.fc18.x86_64
PackageKit-device-rebind- 0.8.7-1.fc18.x86_64
bind-9.9.2-10.P2.fc18.x86_64
ypbind-1.36-7.fc18.x86_64
rpcbind-0.2.0-20.fc18.x86_64
bind-license-9.9.2-10.P2.fc18.noarch
bind-libs- lite-9.9.2-10.P2.fc18.x86_64"
```

如果出现以上结果，表示 Bind 正确安装。

涉及的配置文件有

/etc/named.conf

/etc/named.rfc1912.zones

/var/named/ named.loopback

/var/named/named.localhost

（2）安装 Bind

1）fedora18 在线安装

```
#yum install bind
```

2）编译安装 Bind

```
# tar zxvf bind-9.9.2.tar.gz
# cd bind-9.9.2
# ./configure -sysconfdir=/etc/bind
```

> # make；# make install"

（3）进行 DNS 服务器配置（略）。

五、远程访问工具使用

Putty 是一个免费的、Windows 32 平台下的集 Telnet、rlogin 和 SSH 为一体的客户端，它可以连接上支持 SSH Telnet 联机的站台，并且可自动取得对方的系统指纹码（fingerprint）。建立联机以后，所有的通讯内容都是以加密的方式传输。因此功能丝毫不逊色于商业的 Telnet 类工具。其主要优点有：①完全免费；②在 Windows 下运行得非常好；③全面支持 SSH1 和 SSH2；④绿色软件，无需安装，下载后在桌面建个快捷方式即可使用；⑤体积很小；⑥操作简单，所有的操作都在一个控制面板中实现。

下载 Putty 可以从网站：http：//www.chiark.greenend.org.uk/～sgtatham/putty/download.html 获取。

下载完 Putty 之后，直接双击文件名，即可启动 Putty。如图 1-12 所示。

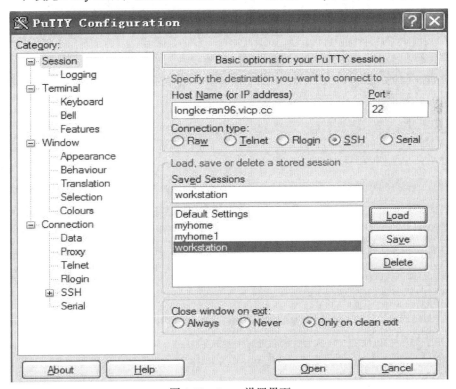

图 1-12　Putty 设置界面

在"Host Name"中输入要远程连接的主机名或 IP 地址。比如笔者的主机名为"longke-ran96.vicp.cc"，如果有固定 IP 地址，则直接输入 IP 地址。然后点击下面的"Open"，进入登录界面。如图 1-13 所示。

图 1-13　Putty 登录界面

输入用户名及密码即可登录远程主机。

通常的远程访问采用两种方式对远程登录的用户进行身份验证，即密码验证和密钥对验证。

密码验证：只需使用服务器中系统用户的账户名称和密码即可通过验证，这种方式使用最简便易用。但是，从用户角度来说不能保证正在连接的服务器就是其想连接的服务器（可能被假冒），从服务器角度来说暴力破解密码的防护能力较弱。

密钥对验证：需要提供相配对的密钥才能通过验证。通常由客户端的用户为自己创建一对密钥文件（即公钥和私钥），然后将公钥文件放在需要访问的 SSH 服务器上。当远程登录服务器时，系统将结合公私钥文件进行加密/解密关联验证，增强了用户登录及数据传递过程的安全性。用户还可以在客户端为自己的私钥文件设置密码进行保护。

使用 Putty 进行远程连接，允许采用密钥对验证方式进行远程访问，并且对需要经常访问远程服务器的用户来说既安全又方便。从网址 http：//the.earth.li/～sgtatham/putty/0.63/x86/putty.z 下载 Putty 软件包，解压缩包。

在远程服务器上切换到 Root 用户，用 Vi 编辑 sshd_config 文件（/etc/ssh/目录下），去除注释行：

　　RSAAuthentication yes　　　　#采用 RSA 加密算法

　　Pubkey Authentication yes　　　#允许公钥认证

　　AuthorizedKeysFile .ssh/id_rsa.pub　　#用户宿主目录下存放公钥文件所在文件位置

　　启动 SSH 服务：在 Linux 服务器上执行命令 systemctl start sshd.service 或 service sshd start，也可以用 restart 和 stop 控制 sshd 服务。

　　设置系统启动时开启 SSH 服务：在命令行执行 systemctl enable sshd.service 命令。

　　用户登录 SSH 服务器，执行命令 $ ssh-keygen -t rsa。

　　将会在用户"home"目录的.ssh 文件夹下产生两个文件，即 id_rsa 和 id_rsa.pub 两个文件，其中 id_rsa 为私钥，id_rsa.pub 为公钥。将私钥文件 id_rsa 拷贝到 Windows 客户机上。

　　启动 Putty 的 puttygen.exe 程序(图 1-14)，点转换，导入私钥文件 id_rsa，导入后的结果如图 1-15 所示。

　　如要对私钥文件设置密码，则在"Key passphrase"中输入，并进行确认。之后点击下面的"Save private key"（保存私钥）按钮，在弹出的对话框中输入私钥文件名 myprivate.ppk，选择保存在 D 盘根目录下。

　　启动 Putty 程序，在主机名中输入 SSH 服务器主机名，可以是域名或 IP 地址，如笔者的 SSH 服务器域名为 longke-ran96.vicp.cc，端口为 22，连接类型为 SSH。如图 1-16 所示。

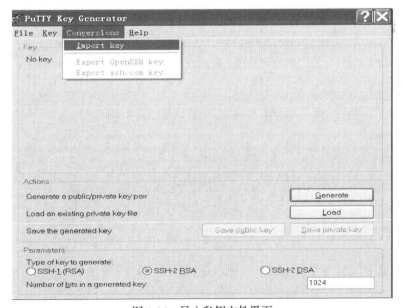

图 1-14　导入私钥文件界面

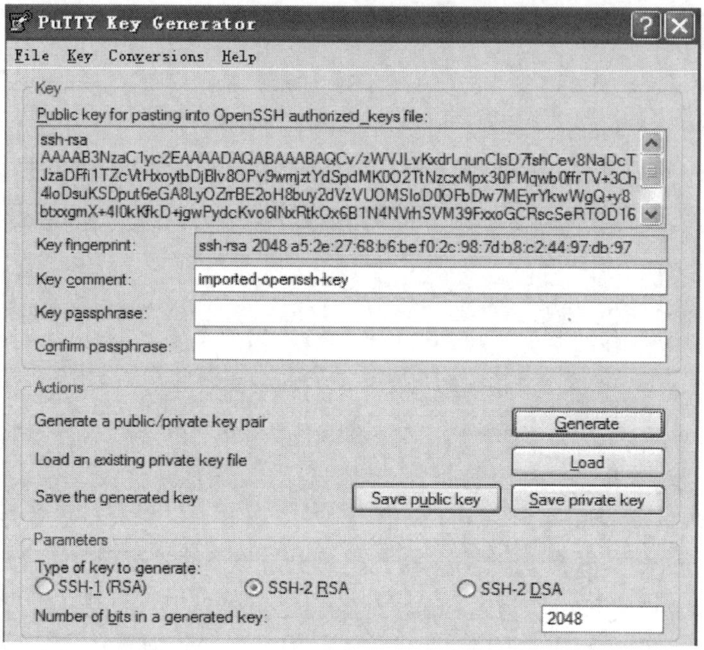

图 1-15　保存私钥文件

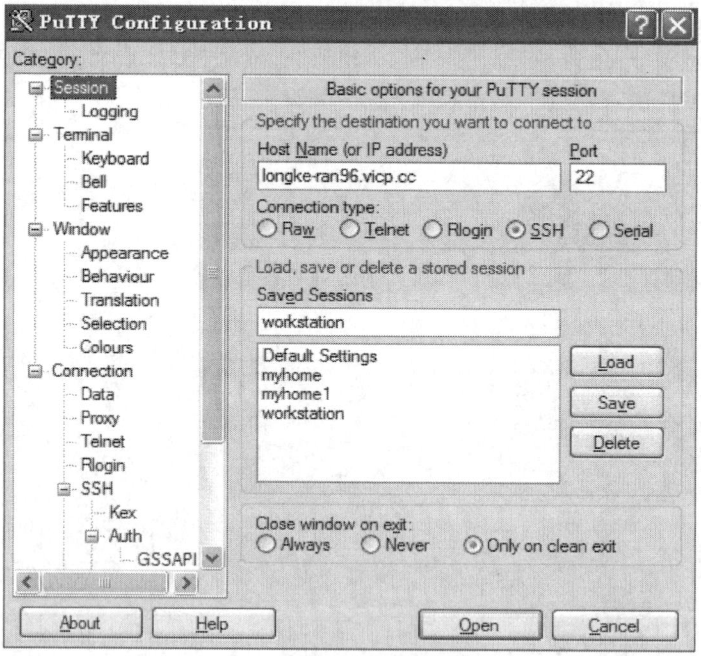

图 1-16　Putty 设置界面

　　点击"SSH",认证,点击浏览按钮,选择保存在 D 盘根目录下的私钥文件 myprivate.ppk 中,如图 1-17 所示。

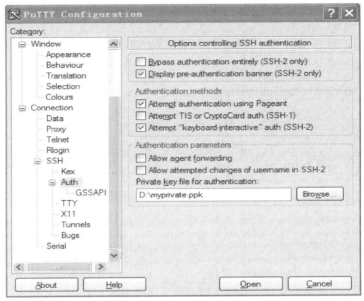

图 1-17　指定私钥文件位置

　　然后回到会话窗口，在保存会话文本框中输入连接会话名称为：Workstation，以便下次使用，然后点击保存，接着点击下面的"打开"按钮，输入登录名 longke，即可进行自动连接。如图 1-18 所示。以后连接只需要在会话窗口中选择已保存的会话连接 workstation，然后点"载入"即可。

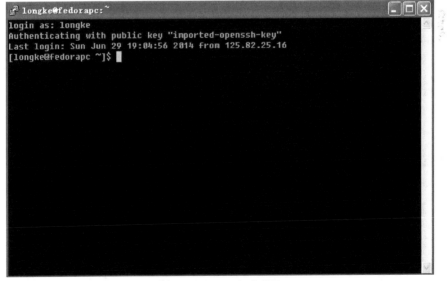

图 1-18　Putty 自动登录

注意：开启防火墙 22 端口

```
#iptables -A INPUT -p tcp --dport 22 -j ACCEPT
```

也可以将上述参数加入防火墙配置中

```
#vi /etc/sysconfig/iptables
```

加入：`-A INPUT -m state --state NEW -m tcp -p tcp --dport 22 -j ACCEPT`
保存后重启 iptables 即可。

解决 Putty 中的中文显示乱码问题：初次使用 Putty 远程连接到 Linux 系统中，会出现中文显示不了，或者为乱码的情况，可以通过以下步骤解决。

步骤 1：打开 Putty 主程序，依次选择"Window"→"Appearance"→"Font settings"→"Change"，从中选择"Fixedsys"字体、字符集选择"CHINESE_GB2312"。

步骤 2：在"Window"→"Appearance"→"Translation"中，从"Remote character set"下拉框中选择"Use font encoding"为"UTF-8"。

步骤 3：点击 Putty 程序标题图标 → 右击 → 从菜单中选择"Change setting"，在"Saved sessions"中输入保存的文件名，点"save"。

步骤 4：启动 Putty，双击保存的文件名，连接即可。

六、Cygwin 工具的使用

1. Cygwin 工具简介

Cygwin 是一个在 Windows 平台上运行的 Unix/Linux 模拟环境，是 cygnus solutions 公司开发的自由软件。对于熟悉 Linux 的人来说，Cygwin 可以帮助用户在 Windows 下面使用强大的 Bash 命令，通过 Scripts，可以更加高效地完成系统管理工作；对于初次接触生物信息学并想学习 Unix/Linux 操作环境的用户，使用 Cygwin 可以让用户在 Windows 下面练习 Linux 的 Bash 命令，以及常用工具。并且不需要单独分区安装 Linux 操作系统，也不用担心 Windows 被破坏，因此无疑是一个很好选择。

2. Cygwin 的安装

要想在 Windows 下使用 Cygwin 工具，首先需要从 Cygwin 官网（http://cygwin.com/）下载该软件，选择"Installing and Updating Cygwin for 32-bit versions of Windows"：执行"Cygwin Setup"安装。下载该文件后，双击安装文件 setup-x86.exe，会看到如图 1-19 所示的界面，然后点击"Next"。

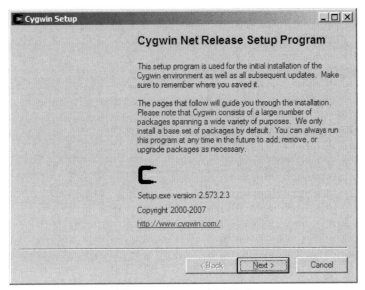

图 1-19　Cygwin 安装界面

安装类型选择界面，有三种方式安装。

（1）"Install from Internet"：从 Internet 下载安装。

（2）"Download Without Installing"：下载安装文件而不安装。

（3）"Install from Local Directory"：从本地已下载的安装文件安装。

选择默认的第一种方式安装，如图 1-20 所示，然后点击"Next"。

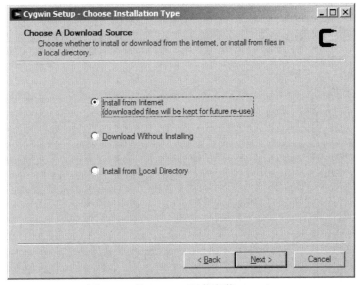

图 1-20　从 Internet 下载安装 Cygwin

缺省安装目录是 "C：\cygwin"，如图 1-21 所示；缺省的文本文件类型为 UNIX/binary；如果用户没有本地管理员权限，建议选择"All Users"。然后选择"Next"。

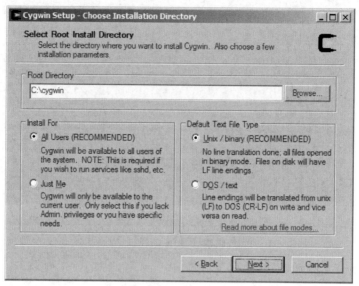

图 1-21　指定 Cygwin 安装位置

选择临时下载文件所在的目录，如图 1-22 所示，注意不要选择安装目录 "C：\cygwin"，然后点击"Next"。

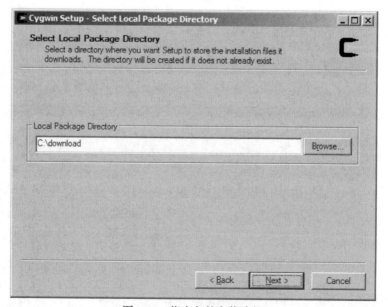

图 1-22　指定包的安装路径

选择联网类型。如果没有通过代理上网，则选择 "Direct Connection"（一般情况下均选择该方式连接），如图 1-23 所示，继续选择 "Next"。

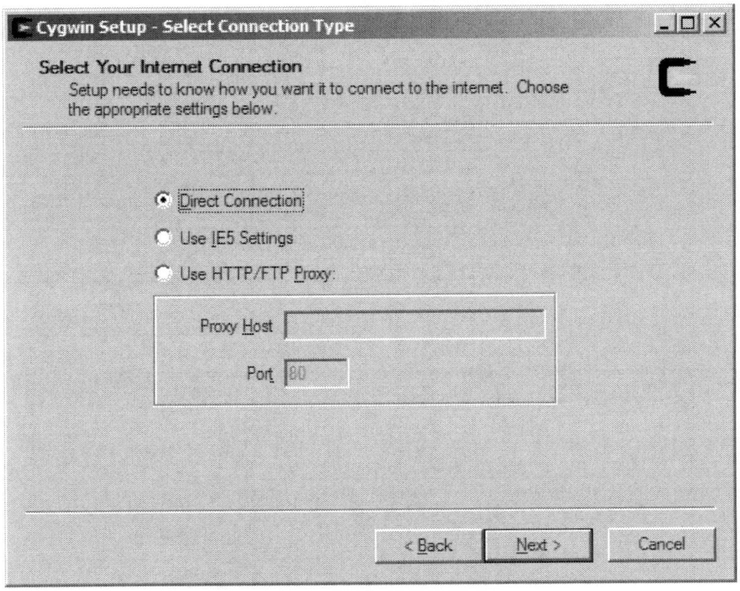

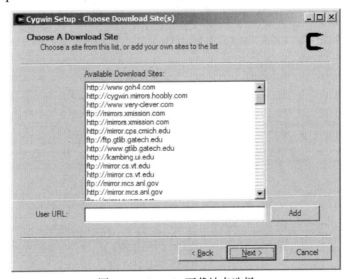

图 1-23 Cygwin 下载方式选择

选择文件下载站点。如图 1-24 所示，下拉列表框中列出可用的下载站点，从中选择一个离自己所在位置下载速度比较快的下载站点。比如 "ftp：//mirrors.kernel.org" 或 "ftp：//ftp.ntu.edu.tw"，这两个站点比较稳定且速度快。点击 "Next"。

图 1-24 Cygwin 下载站点选择

选择所要下载/安装的安装包，如图 1-25 所示。根据自己的需要确定。一般除了推荐的缺省包之外，还可以增加的包有：gcc-g++、autoconf、automake、bash-completion、curl、cvs、diffutils、flex、gcc、gcc-mingw、gcc4、gdb、make、mc、mercurial、openssh、openssl、perl、python、ruby、screen、subversion、unzip、vim、wget、rsync、util-Linux 等。

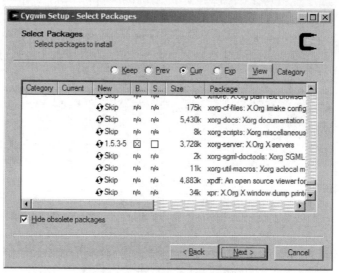

图 1-25　Cygwin 安装包选择

下载和安装已选择的包，如图 1-26 所示。下载实际视选择的包和下载速度而定，一般需 30 分钟左右。下载完所有的包之后，安装程序还要进行解压和安装。

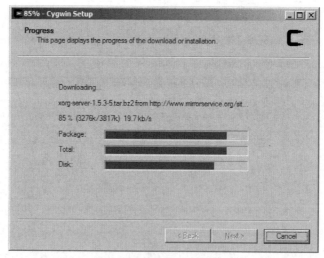

图 1-26　Cygwin 安装过程

创建快捷启动图标。为了方便以后启动 Cygwin 程序，让安装程序添加图标到桌面或启动菜单中(或同时选中)。然后选择"Finish"按钮，从而完成 Cygwin 程序的安装，如图 1-27 所示。

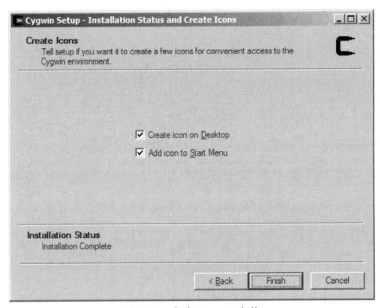

图 1-27　完成 Cygwin 安装

完成 Cygwin 的安装之后，接下来就可以使用 Cygwin 远程登录 Linux 用户，启动 Cygwin，在命令行下，输入以下命令

```
ssh user@hostname
```

hostname 为 Linux 用户所在机器的主机名或 IP 地址，视具体情况而改变。

七、WinSCP

WinSCP 是 Windows 与 Linux 之间的文件传输工具。

1. WinSCP 简介

WinSCP(Windows secure copy procotol)是一个 Windows 环境下使用 SSH 的开源图形化 SFTP 客户端。同时支持 SCP 协议。它的主要功能就是在本地与远程计算机(基于 Linux 系统)间安全地复制文件。具有以下特征：①图形用户界面；②多语言支持；③与 Windows 完美集成(拖拽，URL，快捷方式)；④支持所有常用文件操作，可将设置存在配置文件中而非注册表中，适合在移动介质上操作；⑤支持基于 SSH-1、SSH-2 的 SFTP 和 SCP 协议；⑥支持批处理脚本和命令行方式；⑦多种半自动、自动的目录同步方式；⑧支持 SSH 密码、键盘交互、公钥和 Kerberos(GSS)验证；⑨通过与 Pageant(PuTTY Agent)集成支持各种类型公钥验证；⑩提供 Windows Explorer 与 Norton Commander 界面。

2. WinSCP 的使用

获取 WinSCP 软件，可以从网址 http：//winscp.net/eng/download.php 中的"Download WinSCP"条目进行下载。然后进行安装，安装时选择简体中文，当前最新版为 WinSCP 5.5.4。

安装完 WinSCP 后，启动该程序。如图 1-28 所示。

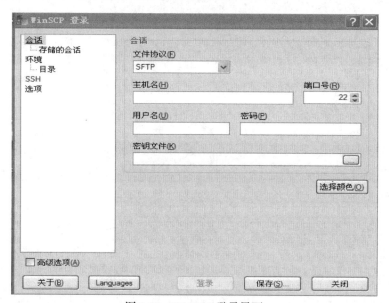

图 1-28　WinSCP 登录界面

接下来，在启动界面中，主机名中输入 longke-ran96.vicp.cc，用户名为 longke，输入密码或在密钥文件中选择前面产生的密钥文件 myprivate.ppk，然后保存会话内容。需注意的是，选择了密钥文件之后，每次登录就不用输入密码，通过密钥文件结合 SSH 服务器的公钥文件进行验证，十分安全方便。

然后点击"登录"即可进入 WinSCP 界面。如图 1-29 所示。

界面左边为本地计算机所在目录，右边为远程计算机目录内容，就像使用 FTP 一样可以进行上载和下传文件。

注意：第一次登录 WinSCP 后，远程计算机上的目录和文件列表中中文显示为乱码，此时需要进行修改 WinSCP 的登录选项：启动 WinSCP，点击左边的"环境"选项，在右边的"文件名 UTF-8 编码"选项值中，改为"开启"，重新启动

WinSCP 即可。

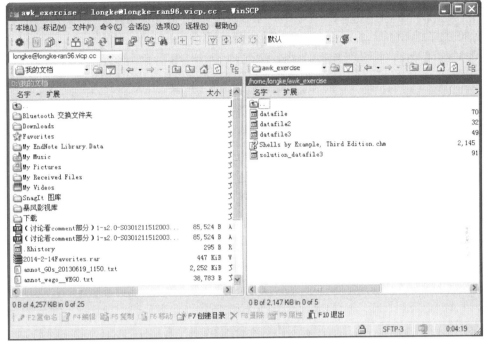

图 1-29　登录 WinSCP 后界面

八、使用 SCP 终端命令在 Windows 和 Linux 之间传输文件

1. SCP 简介

　　SCP 是 secure copy 的简写，用于在 Linux 下进行远程拷贝文件的命令，和它类似的命令有 cp，不过 cp 只能在本机进行拷贝不能跨服务器，而且 SCP 传输是加密的。可能会稍微影响一下速度。

2. SCP 的用处

　　SCP 具有以下两个方面的用处。

　　(1) 用户需要获得远程服务器上的某个文件，远程服务器既没有配置 ftp 服务器、开启 web 服务器，也没有做共享，无法通过常规途径获得文件时，只需要通过 SCP 命令便可轻松地达到目的。

　　(2) 用户需要将本机上的文件上传到远程服务器上，远程服务器没有开启 ftp 服务器或共享，无法通过常规途径上传时，只需要通过 SCP 命令便可以轻松地达到目的。

3. SCP 命令的使用

命令基本语法：scp source target。

（1）从远程计算机上拷贝文件到本机

> scp user@remote_host：file.name.

从远程服务器 remote_host 拷贝文件到本地计算机，user 为远程计算机上的用户。符号 '.'表示拷贝到当前目录下，用户可以指定具体的目录。

> scp -r user@remote_host：directory/ ~/dir

拷贝远程服务器上的整个目录到本地计算机指定目录下，参数-r 表示递归复制，即复制该目录下面的文件和目录。

（2）从本地计算机上拷贝文件到远程服务器

> scp file.name user@remote_host：~/dir/newfile.name

从本地计算机上拷贝文件 file.name 到远程服务器指定目录下。

（谭鹏程　李　广）

参 考 文 献

Arnold Robbins.2005.Unix in A Nutshell.4th Edition. New York：O'Reilly.

Jean-Michel Claverie，Cedric Notredame.2007.Bioinformatics for Dummies.2nd edition. Hoboken：Wiley Publishing.

Keir Thomas.2006.Beginning Ubuntu Linux：From Novice to Professional. Berkeley：Apress.

Keith Bradnam，Ian Korf.2012. Unix and Perl Primer for biologists.Version 3.1.1 http：//korflab. ucdavis edu/Unix_and_Perl/current. pdf.

Keith Bradnam, Ian Korf. 2012. Unix and Perl to the Rescue.New York：Cambridge University Press.

Michael D Bauer.2005.Linux Server Security. 2nd Edition. New York：O'Reilly.

Olaf Kirch，Terry Dawson.2000.Linux Network Administrator's Guide.2nd Edition. New York：O'reilly.

Paul Albitz，Cricket Liu.2001.DNS and BIND.4th Edition. New York：O'reilly.

Paul Stothard.2012. An introduction to Linux for bioinformatics. http：//www. ualberta. ca/~stothard/downloads/linux_for_bioinformatics. pdf.

第二章　Linux 与生物信息学

Linux 作为一个免费、开源的操作系统，里面许多的实用工具，使之完全可以作为生物信息学分析的基本工具。本章以 Linux 为主线，在介绍基本命令的基础上，结合生物信息学例子进行分析。

第一节　Linux 文件系统介绍

Unix/Linux 文件系统是文件和存储目录的一个统一集合。每个文件系统是按照一个单独和完整的磁盘分区进行存储。Linux 下的典型文件系统，如图 2-1 所示。

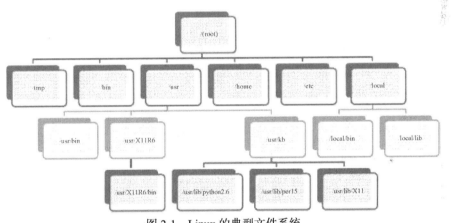

图 2-1　Linux 的典型文件系统

下面对图 2-1 的 Linux 文件系统进行介绍，具体如表 2-1 所示 。

表 2-1　Linux 的文件结构介绍

目录	主要内容
/bin	系统、系统管理员和用户所共享的基本程序
/boot	存储启动文件和内核 vmlinuz（一定是在一个单独的文件系统中）
/dev	所有的外部设备文件
/etc	最重要的系统配置文件，这个目录包含的数据类似于 Windows 的控制面板
/home	常见用户的宿主目录
/initrd	某些发布版的引导信息，不要移除
/lib	库文件，包含各种各样的、被系统和用户所使用的程序

续表

目录	主要内容
/lost+found	每个分区都有一个 lost+found 目录，用以保存系统启动失败时丢失的文件
/mnt	标准的外部文件系统的 mount 点，比如 CD-ROM 或数码照相机
/opt	典型的应用软件包和第三方软件
/proc	一个虚拟文件系统，包含系统资源相关的信息。更多的信息可以通过在终端输入 man proc 命令获取，文件 proc.txt 有更详细的讨论虚拟文件系统的文档
/root	系统管理员用户的宿主目录。有别于"/"目录
/sbin	系统和系统管理员所使用的程序
/tmp	系统使用的临时文件。当重新启动后，里面的内容会被清除，因此不要在该目录下保存工作中的任何文件
/usr	所有用户相关的程序、库和文档等内容
/var	存储通过用户所创建的所有可变文件和临时文件，如日志文件、邮件文件、打印机脱机文件及从互联网下载的临时存储文件

第二节　Linux 基本命令介绍

Linux 下的命令有几千个，本节不可能对每个命令进行详细介绍，否则就超过了本节的范围。具体每个命令可以通过 Linux 下的 man 手册进行详细查看。Linux 下的常用命令按照其用途大致可以分为基本命令、目录文件控制、搜索和查找、权限管理、压缩解压及系统进程相关等。本节只选取与生物信息学学科相关的一些基本命令进行介绍，使读者在掌握这些基本命令的基础上，能熟练运用这些命令进行生物信息学相关的数据分析。

本节力求把生物信息学相关的基本命令讲解得更加浅显易懂，所以除了介绍这些命令的基本方法之外，还结合生物信息学相关的数据进行分析。本节所用到的数据文件在本书的相应章节中提供。为了更好地理解相关命令，特做如下约定：①黑体粗体为命令名；②灰色方框中的为命令行；③"$"是每个用户登录到 Linux 系统命令行的提示符，因 Linux 版本不同可能会有差异；④命令行后的"–"为参数开始符号，如果某个命令的参数太多则只介绍最基本和最常用到的；⑤Linux 命令行对大小写和空格敏感，因此在书写时请特别留意；每一行命令输入结束后，按 Enter 键查看结果。

一、绝对基本命令

1. ls（list）

其代表列出文件或目录。该命令使用频率最高。

用法：ls [参数] [目录或文件]。

(1)在当前目录下，显示一个简短的、多列显示文件，在终端下输入：$ ls

(2)显示指定目录下的子目录和文件，包含隐藏文件。比如一些"."文件，在终端下输入：$ ls–a

(3)查看文件的权限、拥有者及文件的大小，在终端下输入：$ ls–la

(4)如果在当前目录下列举出的子目录和文件超过一屏的显示范围，可以通过管道符号"|"带上 less 命令来显示：$ ls–la | less

ls 命令的一些其他参数如表 2-2 所示。

表 2-2　ls 命令的参数

参数	作用
–a	显示目录下的所有文件，包括以"."开头的隐含文件。"."是 Unix 文件系统所独有的
–d	只显示目录名，不显示内容
–F	用符合指明特定的文件含义：/ 是目录，@ 是符合链接，* 是可执行程序
–l	从左到右的各列分别显示：文件或目录权限、文件的拥有者、以字节为单位显示的大小及最后一次修改的时间(l 代表"long")
–R	递归列出子目录下的目录和文件

2. cd (change directory)

其代表改变当前目录命令所在位置。缺省条件下，Linux 登录会话命令提示符在用户的宿主目录下。

用法：cd [目录名]。

说明：目录名可以是绝对路径或相对路径。

(1)切换到一个名字为 myfiles 的子目录，在终端输入：

$ cd myfiles

(2)切换到/home/dvader/empire_docs 目录，在终端输入：

$ cd /home/dvader/empire_docs

(3)切换到当前目录的上一级目录，在终端输入：

$ cd ..

(4)切换到 root 目录，键入：

$ cd /

(5)返回到用户的 home 目录，键入：

$ cd 或 cd~

(6) 返回到用户上一次的目录，键入：

```
$ cd–
```

3. pwd (print working directory)

其代表显示用户当前的工作目录路径。如果用户不知道在哪个位置操作，该命令很有用。

用法：pwd。

列出当前所处的目录路径，在终端输入：

```
$ pwd
```

显示完整的工作目录路径：/home/ranlongke/workspace。

二、文件和目录操作命令

(一)文件和目录基本命令

1. cp (copy)

其代表复制文件。该命令在复制文件时，在保留源文件的基础上，同时创建一个跟源文件完全相同的拷贝。

用法：cp [参数] [源文件或目录] [目标文件或目录]。

说明：参数–i 确保源文件和目标文件相同时，会提示用户进行相应操作。

(1)从当前目录拷贝 oldfile 文件到 newfile，键入：

```
$ cp oldfile newfile
```

(2)从目录/home/longke/notes 拷贝文件 meeting1 到当前目录下，键入：

```
$ cp –i /home/longke/notes/meeting1 .
```

说明：.(点号)指出当前目录作为目标路径，参数–i 确保目标路径下有相同的文件 meeting1，则会提示用户是否覆盖。

(3)拷贝当前目录下的 oldfile 文件到用户 home 目录开始的路径下，键入：

```
$ cp –i oldfile  ~/mywork/newfile
```

说明：符号~表示路径从用户的 home 目录开始进行操作。

注意：在拷贝文件时用户必须拥有相应的权限。

cp 命令的一些重要参数如表 2-3 所示。

表 2-3　cp 命令的参数

参数	作用
–f	删除已经存在的目标文件不提示
–i	交互式拷贝，如果目标文件存在，则提示用户是否覆盖文件或目录
–r	若源文件是目录，则递归拷贝该目录下的所有子目录及文件

2. mv (move)

其代表移动和重命名文件或目录。跟 cp 命令不一样，mv 命令不保存原来的文件。在相同的目录下则是改名，在不同的目录下则是移动。

用法：mv [参数] 源文件或目录　目标文件或目录。

注意：在使用 cp 命令时，最好加上–i 选项，以确认是否覆盖已存在的文件。

(1)在用户当前目录下，重命名 oldname 为 newname，在终端键入：

```
$ mv –i oldname newname
```

说明：如果目录 newname 存在，则被 oldname 所覆盖；如不存在则创建该目录。

(2)移动当前目录下 newname 下的 new.txt 文件到当前目录 oldname 下，键入：

```
$ mv –i newname/new.txt oldname
```

(3)移动当前目录下 newname 下的 new.txt 文件到当前目录 oldname 中，并更名为 old.txt，键入：

```
$ mv –i newname/new.txt oldname/old.txt
```

3. mkdir (make directory)

其代表创建一个新目录。

用法：mkdir [参数] 目录名。

注意：目录名可以是具体的目录，也可以是在某个路径下的目录。

(1)在当前目录下创建 mywork 目录，在终端键入：

```
$ mkdir mystuff
```

(2)在已经存在的/tmp 目录下创建 morework 目录，在终端键入：

```
$ mkdir /tmp/morework
```

(3)在用户的 home 目录下创建多级目录 work1/work11/work111，在终端键入：

```
$ mkdir –p ~/work1/work11/work111
```

注意：使用–p参数，则一次递归建立多级目录。在特殊的目录下创建目录，必须拥有相应的权限。

4. rmdir（remove directory）

其代表删除子目录。

用法：rmdir [参数] 目录名。

（1）在用户所在的home目录下删除子目录oldwork，在终端键入：

```
$ rmdir oldwork
```

注意：要删除的子目录必须是空的，否则先删除其下的其他目录。

（2）在用户的home目录下删除多级目录 work1/work11/work111，在终端键入：

```
$ rmdir –p ˜/work1/work11/work111
```

注意：使用该命令行删除多级目录，必须确保用户当前处于其他目录下。

5. rm（remove）

其代表删除文件或目录。

用法：rm [参数]文件。

（1）在当前目录下，删除oldwork文件，从终端输入：

```
$ rm oldwork
```

注意：使用rm删除文件要特别小心，因为该命令是永久删除文件。

（2）在删除当前目录下的junk文件之前，让用户确认，从终端输入：

```
$ rm –i oldwork
```

注意：使用–i选项，在永久删除文件前，让用户进行确认。

（3）在当前目录下，无需确认，永久删除oldwork文件，从终端输入：

```
$ rm –rf oldwork
```

注意：有时候用户完全确定是要删除的文件，此时使用选项组合–rf，在删除文件时就不需要确认了。

```
ls –R oldstuff | less
```

6. |（管道）

其代表把前面命令的输出作为后面一个命令的输入数据。

用法：命令 | 命令 [|]……。

（1）一屏一屏地查看/etc目录的内容，在终端输入：

```
$ ls –al /etc | less
```

(2)用 cat 命令提取目录文件/etc/services 的内容，通过管道使用 sort 命令对里面的内容按照字母顺序排序，然后再通过管道用 tail 命令显示最后 10 行的内容。在终端输入：

```
$ cat /etc/services | sort | tail –n 10
```

输出结果为：

```
[longke@fedorapc dev]$ cat /etc/services | sort | tail -n 10
zip             6/ddp                   # Zone Information Protocol
zmp             3925/tcp                # Zoran Media Port
zmp             3925/udp                # Zoran Media Port
zsecure         7173/tcp                # zSecure Server
zserv           346/tcp                 # Zebra server
zserv           346/udp                 # Zebra server
z-wave          4123/tcp                # Zensys Z-Wave Control Protocol
z-wave          4123/udp                # Zensys Z-Wave Control Protocol
zymed-zpp       2133/tcp                # ZYMED-ZPP
zymed-zpp       2133/udp                # ZYMED-ZPP
```

(3)使用了两个管道，利用第一个管道将 cat 命令（显示 passwd 文件的内容）的输出送给 grep 命令，grep 命令找出含有 "/bin/bash" 的所有行；第二个管道将 grep 的输入送给 wc 命令，wc 命令统计出输入中的行数。这个命令的功能在于找出系统中有多少个用户使用 bash，在终端输入：

```
$ cat /etc/passwd | grep /bin/bash | wc–l
```

输出结果为：

```
[longke@fedorapc ~]$ cat /etc/passwd | grep /bin/bash | wc -l
6
```

7. ＞（输出到文件）

其用于将命令操作的结果显示到一个文件中，而不是屏幕上。

用法：命令＞文件名。

注意：Linux 下执行命令的结果显示到终端窗口中不能保持下来，如果要将结果重定向输出到一个文件中，可以使用 "＞" 符。

(1)在当前目录下，删除 oldwork 文件，从终端输入：

```
$ cat /etc/services | sort   >  my_services.txt
```

(2)查看文件 my_listing.txt 中的内容，使用命令：

```
$ more＞my_services.txt
```

注意：more 命令用于查看一个文件中的内容，每次显示一屏，要快速向下显示，则通过不停地按 "Space" 键；结束查看，返回到命令提示符，按 "q" 键；输出重定向>对于返回许多输出的情况下很有用，适用于输出结果被用于以后处理的情况。

8. ＜（从文件中输入）

其用于从输入文件中接收数据，然后使用命令进行操作。

用法：命令＜文件名。

(1)将 sequence2_1 文件中的 "，" 替换为 "\"，从终端输入：

```
$ tr ',' '\n'<sequence2_1.txt
```

输出前后的结果为：

```
[longke@fedorapc write_book]$ cat sequence2_1.txt
sequence 1,acacagagag
sequence 2,acacaggggaaa
sequence 3,ttcacagaga
sequence 4,cacaccaaacac
sequence 5,actggaactacc
[longke@fedorapc write_book]$ tr ',' '\n' < sequence2_1.txt
sequence 1
acacagagag
sequence 2
acacaggggaaa
sequence 3
ttcacagaga
sequence 4
cacaccaaacac
sequence 5
actggaactacc
```

注意：重定向＜s 输入符，只是从文件中输入数据，而结果只显示到终端。

(2)将上面例子中的替换结果，使用>重定向输出到 sequence2_1_output.txt 文件中，从终端输入：

```
$  tr ',' '\n'<sequence2_1.txt >  sequence2_1_output.txt
```

9. ＞＞（追加到文件后）

其代表追加内容。

"＞＞"追加操作符，用于把新增内容添加到已经存在文件的后面，不会覆盖到原来的内容。

用法：命令＞＞文件名。

例如，在已有内容文件 wishlist 的后面添加一行日期，在终端输入：

```
$ date>>wishlist
```

输出文件前后的结果：

```
[longke@fedorapc write_book]$ cat wishlist
more money
less work
not possible
[longke@fedorapc write_book]$ date >> wishlist
[longke@fedorapc write_book]$ cat wishlist
more money
less work
not possible
2014年 09月 09日 星期二 08:23:44 CST
```

(二)浏览、创建编辑文件命令

1. cat(concatenate)

其代表显示文本文件的内容。也可以把显示出来的文本内容增加到另外一个文件中。

(1)在用户当前目录下查看序列文件 AB000833.fasta 的内容，键入：

$ cat AB000833.fasta

(2)在用户当前目录下，将文件 AB000833_seq2.fasta 的内容添加到文件 AB000833_seq1.fasta 的后面，键入：

$ cat AB000833_seq2.fasta >> AB000833_seq1.fasta

以上语句执行后，文件 AB000833.fasta 的内容和文件 AB000833_seq1.fasta 的内容完全相同，可以通过命令：ls –l 查看文件的大小。

2. less 和 more

其代表显示文件的内容。

用法：less 文件名；more 文件名。

Less 和 more 命令都能查看文件的内容。 Less 命令通常比 more 命令更加灵活和强大，但 more 命令在所有的 Unix 系统中都能使用，而 less 则不能。

(1)在当前目录下，读取文件 mytextfile 的内容，在终端键入：

$ more mytextfile

注意：使用 more 命令后，按"Enter"键往下移动一行， "Space"移动下一页，按"q"键退出，按"b"键回到上一页。

(2)less 命令通常用在其他命令的后面，通过管道连接，在当前目录下查看文件目录，在终端键入：

$ ls –la | less

注意：less 和 more 命令不能用于查看可执行文件（二进制文件）的内容，否则会产生混乱状态，并锁住用户的终端。

3. head 和 tail

其代表显示文件部分内容。

用法：head [选项] 文件名；tail [选项] 文件名。

（1）在当前目录下，显示文件序列文件 AB000833.fasta 前面部分的内容，在终端键入：

```
$ head AB000833.fasta
```

（2）在当前目录下，显示文件 AB000833.fasta 前 15 行的内容，在终端键入：

```
$ head –15 AB000833.fasta
```

注意：head 命令缺省状态下，显示文件前 10 行的内容，通过加–N（N 为正整数）来改变。

（3）在当前目录下，显示文件 AB000833.fasta 后面部分的内容，在终端键入：

```
$ tail AB000833.fasta
```

（4）在当前目录下，显示文件 AB000833.fasta 后 15 行的内容，在终端键入：

```
$ tail –15 AB000833.fasta
```

注意：tail 命令缺省状态下，显示文件后 10 行的内容，通过加–N（N 为正整数）来改变。

（5）提取文件 At_genes.gff 的前 5000 行，另存为文件 At_genes_subset.gff（后面例子中要用到），在终端键入：

```
$ head –5000 At_genes.gff ＞At_genes_subset.gff
```

4. touch

其代表新建文件。

用法：touch 文件名。

5. wc（word count）

其代表统计文件内容。

用法：wc [选项] 文件名。

wc 命令是用来统计一个文本文件的行数（line）、词数（word）及字数（character）。使用参数–l、–w、–c 来单独显示行数、词数和字数。除此之外还可以用它来检查一个文件是否为空。

（1）统计文件 At_genes_subset.gff 的行数、单词数及字数，在当前目录下键入：

```
$ wc At_genes_subset.gff
```

输出结果显示有：5000 行、45 000 个词及字数是 348 068。

```
[ranlongke@localhost workspace]$ wc At_genes_subset.gff
 5000  45000 348068 At_genes_subset.gff
```

（2）只统计文件 At_genes.gff 的行数，在工作目录下键入：

```
$ wc –l At_genes_subset.gff
```

显示结果有：5000 行。

```
[ranlongke@localhost workspace]$ wc -l At_genes_subset.gff
5000 At_genes_subset.gff
```

6. cut

其代表显示文件中的指定列或字段。

这个命令通常用来处理以"列表"方式排列的句子，可以用 cut 命令来指定不同的分隔符号，从而将句子分成多"列"，然后显示指定的"列"。

用法：cut [选项] 文件名。

（1）提取文件 At_genes_subset.gff 的第三列，并输出到文件 At_genes_subset_field3.gff 中，则键入：

```
$ cut –f 3 At_genes_subset.gff
```

（2）由于第三列有相同的内容，因此可以结合 sort 和 uniq 命令进行过滤，得到名字唯一的内容，并按字母顺序排序，在终端输入命令：

```
$ cut –f 3 At_genes_subset.gff  | sort  |  uniq
```

输出结果是：

```
[ranlongke@localhost workspace]$ cut -f 3 At_genes_subset.gff  | sort  |  uniq
CDS
chromosome
exon
five_prime_UTR
gene
miRNA
mRNA
ncRNA
protein
pseudogene
pseudogenic_exon
pseudogenic_transcript
three_prime_UTR
transposable_element_gene
tRNA
```

　　注意：cut 命令用来分隔列或字段时，缺省情况下是使用 Tab 作为分界符，如果要改变文件的分隔符，可以使用参数–d "分隔符号"来实现。

　　(3)使用 cat 命令打开文件/etc/passwd，会发现里面的行格式如下：ranlongke：x：1000：1000：ranlongke：/home/ranlongke：/bin/bash。

　　这是系统账号设定文件，这个文档里面的每一行都是用6个"："分成7列，如果用户只想显示第一列(user ID)和第7列(user shell)，那么可以用 cut 命令来实现：

```
$ cut –d "："  –f 1, 7 /etc/passwd ＞ passwd_field_1and7
```

　　使用cat命令打开结果文件 passwd_field_1and7 会发现只提取了/etc/passwd 文件的第 1 列和第 7 列。这里，使用–d "："来指定分隔的符号是"："，然后用–f 指定只显示第 1 和第 7 列。如果想所有句子的字母长度都一致的话，可以使用–c 来指定显示第几个字母到第几个字母，如–c1-7 就只显示第 1 个到第 7 个字母之间的内容。

7. sort

　　其代表对文件的内容排序。

　　用法：sort [选项] 文件名。

　　这个命令除了可以显示文档的内容之外，还可以将每一行句子按指定的要求进行重新排序。在缺省状态下，该命令按照字母的顺序来排序：即先符号，然后是数字，最后是字母(不区分大小写)。使用–n 参数，则按"数值大小"来排序，符号和字母不区分大小写。

　　(1)对 file1 里面的每行文本按照字母顺序进行排序，从终端输入：

```
$ sort file
```

　　输出结果是：

```
[ranlongke@localhost workspace]$ sort file1
Welcome to Linux World!
Welcome to Linux World!
Welcome to Perl World!
Welcome to Perl World!
Welcome to Python World!
```

　　注意：sort 命令对文本进行排序，默认是按照字母顺序进行排序，除非改变排序方式。

　　(2)提取文件 At_genes_subset.gff 的第 3 列和第 4 列，并对提取后的文本第 2 列按照数从小到大进行排序，最后显示前 10 行内容。从终端输入：

```
$ cut –f 3, 4 At_genes_subset.gff | sort –n –k 2 | head
```

　　结果输出如下：

```
Chromosome        1
exon              3631
five_prime_UTR    3631
gene              3631
mRNA              3631
CDS               3760
protein           3760
CDS               3996
exon              3996
CDS               4486
```

首先从 At_genes_subset.gff 文件中提取 3 列(基因类型)和 4 列(基因位点)。这里用-f 选项指定要提取的列为第 3 列和第 4 列。然后把提取出来的结果用 sort 命令进行排序,缺省条件下按照字母顺序排序,这里使用参数–n 表示用数字进行排序,由于提取的文本有两列,因此使用选项–k 2 指定对第 2 列按照从小到大进行排序,最后使用 head 命令输出前 10 行结果。

sort 命令的一些重要参数如表 2-4 所示。

表 2-4　sort 命令的参数

参数	作用
–n	按照数值排序
–u	不出现重复的行
–r	逆向排序
–t	指定分段的符号
–k	指定的第几个段
–d	按字典顺序排序,比较时仅字母、数字、空格和制表符有意义

8. uniq

其代表比较相邻的行,显示不重复的行。

用法:uniq [参数] 文件名。

如果一个文档中有两行或多行的句子是连续相同的,那么使用 uniq 命令只会显示一行。如果相同的句子不是连续的,则各行还是会显示的。

(1)统计 file1 文件中内容不相同的行,从终端输入:

```
$ uniq file1
```

(2)统计 file2 文件的内容不相同的行,相邻位置的记一次,从终端输入:

```
$ uniq file2
```

```
[ranlongke@localhost workspace]$ cat file1
Welcome to Linux World!
Welcome to Perl World!
Welcome to Perl World!
Welcome to Linux World!
Welcome to Python World!
Welcome to Linux World!
[ranlongke@localhost workspace]$ uniq file1
Welcome to Linux World!
Welcome to Perl World!
Welcome to Linux World!
Welcome to Python World!
Welcome to Linux World!
```

```
[ranlongke@localhost workspace]$ cat file2
Welcome to Perl World!
Welcome to Python World!
Welcome to Python World!
Welcome to Python World!
Welcome to Linux World!
Welcome to Linux World!
Welcome to Linux World!
[ranlongke@localhost workspace]$ uniq file2
Welcome to Perl World!
Welcome to Python World!
Welcome to Linux World!
```

注意：前两个例子使用 uniq 来统计文件中无重复行的内容，仅限于相邻位置的行，如果内容相同而不相邻，则要重复统计。

（3）统计 file1 文件中内容相同的行，不管是相邻的还是不相邻的，只统计一次。从终端输入：

```
$ sort file1 | uniq –d
```

```
[ranlongke@localhost workspace]$ cat file1
Welcome to Linux World!
Welcome to Perl World!
Welcome to Perl World!
Welcome to Linux World!
Welcome to Python World!
Welcome to Linux World!
[ranlongke@localhost workspace]$ sort file1 | uniq -d
Welcome to Linux World!
Welcome to Perl World!
```

（4）统计 file1 文件中内容相同的行，不管是相邻的还是不相邻的行，只统计一次。从终端输入：

```
$ sort file2 | uniq –d
```

```
[ranlongke@localhost workspace]$ cat file2
Welcome to Perl World!
Welcome to Python World!
Welcome to Python World!
Welcome to Python World!
Welcome to Linux World!
Welcome to Linux World!
Welcome to Linux World!
[ranlongke@localhost workspace]$ sort file2 | uniq -d
Welcome to Linux World!
Welcome to Python World!
```

注意：uniq 命令带上参数–d 来显示内容相同的行，不管是相邻还是不相邻，只统计一次。

(5)统计 file1 文件中内容不相同的行，不管是相邻的还是不相邻的，只统计一次。从终端输入：

```
$ sort file1 | uniq –u
```

```
[ranlongke@localhost workspace]$ cat file1
Welcome to Linux World!
Welcome to Perl World!
Welcome to Perl World!
Welcome to Linux World!
Welcome to Python World!
Welcome to Linux World!
[ranlongke@localhost workspace]$ sort file1 | uniq -u
Welcome to Python World!
```

注意：uniq 命令带上参数–u 来显示内容不相同的行，不管是相邻还是不相邻，只统计一次。uniq 命令通常和 sort 命令一起使用，过滤掉重复语句。

(6)取文件 file1 和文件 file2 中内容的并集，从终端输入：

```
$ cat file1 file2 | sort | uniq
```

```
[ranlongke@localhost workspace]$ cat file1 file2 | sort | uniq
Welcome to Linux World!
Welcome to Perl World!
Welcome to Python World!
```

(7)取文件 file1 和文件 file2 中内容的交集，也就是两个文件都有相同的行，从终端输入：

```
$ cat file1 file2 | sort | uniq –d
```

```
[ranlongke@localhost workspace]$ cat file1 file2 | sort | uniq -d
Welcome to Linux World!
Welcome to Perl World!
Welcome to Python World!
```

9. tr

其代表转换或删除文本。

用法：tr [选项] ["字符串 1"]["字符串 2"]<文件名。

tr 命令的一些重要选项如表 2-5 所示。

表 2-5 tr 命令的参数

参数	作用
-c	用字符串 1 中字符集的补集替换此字符集
-d	删除字符串 1 中所有输入字符
-s	删除所有重复出现字符序列，只保留第一个；即将重复出现字符串压缩为一个字符串

使用的字符范围：指定字符串 1 或字符串 2 的内容时，只能使用单字符或字符串范围或列表。

[a-z]：a～z 内的字符组成的字符串。

[A-Z]：A～Z 内的字符组成的字符串。

[0-9]：数字串。

某些特定转义字符(括号为对应的八进制)及其含义如下所述。

\a(\007)：Ctrl-G，响铃。

\b(\010)：Ctrl-H，退格符。

\f(\014)：Ctrl-L，走行换页。

\n(\012)：Ctrl-J，换新行。

\r(\015)：Ctrl-M，回车。

\t(\011)：Ctrl-I，tab 键。

\v(\030)：Ctrl-X，垂直 tab 键。

(1)一个由 Mac 操作系统生成的有四行文本内容的 excel 文件，使用 less 命令可以看到换行符是由^M 代替的一行文本。现需要把该文件转换成 Linux 下的"\n"换行符，并且用 less 命令查看是四行。在终端输入命令：

```
$ tr "\r" "\n" < mac_excel_data.csv>Linux_excel_data.csv
```

转换之前的内容是一行文本：sequence 1，acacagagag^Msequence 2，acacagggggaaa^Msequence 3，ttcacagaga^Msequence 4，cacaccaaacac^Msequence 5，tttatatttaatata。

转换之后的内容是四行文本：

sequence 1，acacagagag；

sequence 2，acacagggggaaa；

sequence 3，ttcacagaga；

sequence 4，cacaccaaacac。

（2）已知内含子序列文件 intron_IME_data.fasta 里面的一条序列如下：

＞AT1G58220.1_i3_1177_CDS

GTAAGTAAGAAGGAAATTCACTGAGAAATTTTCTTAGATTCTTCTTTTTC
CCTTTTCAAGTCTTTGTCCGATTTCTCTATGACAATCTCCGTCAGTGTATAGCG
ATTCTTAAGTGGTGGTTACTAGTACTATTCTTGGGTATTGATGTTTGCTTATTA
CGAGTTCCTAATGACCATGATGCTAAGTTTCCTGCTTTTCTTTCCTTTATTAG

序列头文件以"＞"开头，后面以"_"分隔成四部分，每部分分别表示基因名字（AT1G58220.1）、基因的第三个内含子（i3）、从 TSS 到该内含子的距离（1177）及编码区 CDS。

现需提取满足以下条件的 5 个内含子序列：①必须从第一个内含子开始；②必须是 5' UTR；③距离转录开始位点（TSS）最近；则从终端输入以下命令：

```
$  tr '\n' '@' < intron_IME_data.fasta | sed 's/>/#>/g' | tr '#' '\n' | grep
"i1_.*5UTR" | sort –nk 3 –t  "_" | head –n 5 | tr '@' '\n'
```

输出结果是：

```
>AT4G39070.1_i1_7_5UTR
GTGTGAAACCAAAACCAAAACAAGTCAATTTGGGGGCATTGAAAGCAAAGGAGAGAGTAG
CTATCAAATCAAGAAAATGAGAGGAAGGAGTTAAAAAAGACAAAGGAAACCTAAGCTGCT
TATCTATAAAGCCAACACATTATTCTTACCCTTTTGCCCACACTTATACCCCATCAACCT
CTACATACACTCACCCACATGAGTGTCTCTACATAAACACTACTATATAGTACTGGTCCA
AAGGTACAAGTTGAGGGAG

>AT5G38430.1_i1_7_5UTR
GCTTTTTGCCTCTTACGGTTCTCACTATATAAAGATGACAAAACCAATAGAAAAACAATT
AAG

>AT1G31820.1_i1_14_5UTR
GTTTGTACTTCTTTACCTCTCGTAAATGTTTAGACTTTCGTATAAGGATCCAAGAATTTA
TCTGATTGTTTTTTTTTCTTTGTTTCTTTGTGTTGATTCAG

>AT3G12670.1_i1_18_5UTR
GTAGAATTCGTAAATTTCTTCTGCTCACTTTATTGTTTCGACTCATACCCGATAATCTCT
TCTATGTTTGGTAGAGATATCTTCTCAAAGTCTTATCTTTCCTTACCGTGTTCTGTGTTT
TTTGATGATTTAG

>AT1G26930.1_i1_19_5UTR
GTATAATATGAGAGATAGACAAATGTAAAGAAAAACACAGAGAGAAAATTAGTTTAATTA
ATCTCTCAAATATATACAAATATTAAAAACTTCTTCTTCTTCAATTACAATTCTCATTCTT
TTTTTCTTGTTCTTATATTGTAGTTGCAAGAAAGTTAAAAGATTTTGACTTTTCTTGTTT
CAG
```

10. sed

其代表对文件的内容排序。

用法：sed [选项] 文件。

在当前目录下，将文件 sequence1.txt 每行的内容转回成 fasta 格式，包括两行，第一行是序列标记名，第二行是"＞"开头的序列。在终端输入：

```
$ sed 's/, /\n>/' sequence1.txt
```

```
[ranlongke@localhost workspace]$ cat sequence1.txt
sequence1,acacagagagatg
sequence2,acacaggggaaagatc
sequence3,ttcacagagaactt
sequence4,cacaccaaacacg
sequence5,tttatatttaatatactt

[ranlongke@localhost workspace]$ sed 's/,/\n>/' sequence1.txt
sequence1
>acacagagagatg
sequence2
>acacaggggaaagatc
sequence3
>ttcacagagaactt
sequence4
>cacaccaaacacg
sequence5
>tttatatttaatatactt
```

（三）搜索、查找命令

1. find

其代表在目录中搜索文件。

在当前目录和其子目录下查找与条件相匹配的文件。该命令常用来查找已知某个文件名的位置。

（1）在当前目录及所有其子目录下，查找文件名为 myfile.txt 的文件，则从终端输入：

```
$ find . –name myfile.txt –print
```

（2）在当前目录及其所有子目录下，查找所有以.txt 为扩展名的文件，从终端输入命令：

```
$  find . –name  "*.txt" –print
```

（3）在当前目录及其子目录下查找文件容量超过 10MB，并且以长列表格式显示出来，从终端输入命令：

```
$ find . –size +10M –ls
```

2. grep

其代表搜索与指定的文本相匹配的行。

用法：grep [选项] 文件名。

（1）在 fasta 文件中搜索序列，在终端键入：

```
$   grep   ">"    intron_IME_data.fasta
```

>AT1G68260.1_i1_204_CDS

>AT1G68260.1_i2_457_CDS

>AT1G68260.1_i3_1286_CDS

>AT1G68260.1_i4_1464_CDS

>AT1G58220.1_i1_371_CDS

>AT1G58220.1_i2_645_CDS

>AT1G58220.1_i3_1177_CDS

>AT1G58220.1_i4_1748_CDS

>AT1G58220.1_i5_2776_CDS

>AT1G44760.1_i1_555_CDS

>AT1G44760.1_i2_1478_CDS

……

众所周知，fasta 序列文件，是以">"开头，在后面紧跟 DNA 或蛋白质序列。因此人们只需要在文件中搜索以">"即可。由于搜索到的序列有很多，屏幕不断地向下一页滚动，并且速度很快，人们可以使用"Ctrl+C"中断当前内容的显示。

（2）人们可以对"（1）"中搜索到的序列进行统计，在终端键入：

```
$   grep   ">"   intron_IME_data.fasta   |   wc   –l
```

结果显示有 59 260 条序列。

（3）在文件 intron_IME_data.fasta 中搜索一个潜在的开始和终止密码子的结合体，在终端键入：

```
$   grep    "ATGTGA"   intron_IME_data.fasta   |   wc   –l
```

结果显示有 4401 条序列含有"ATGTGA"序列。

(4)在 chr1.fasta 文件中搜索以字符串"ATG"开头、"TGA"结尾，中间含有至少 3 个 AC 二核苷酸。

> $ grep "^ATG.*ACACAC.*TGA$" chr1.fasta

结果输出如下：

```
ATGAACCTTGTACTTCACCGGGTGCCCTCAAAGACGTTCTGCTCGG
AAGGTTTGTCTTACACACTTTGATGTCAAATGAATGATAGCTCAACCACG
AAATGTCATTACCTGAAACCCTTAAACACACTCTACCTCAAACTTACTGG
TAAAAACATTGAATGCATACCTCAGTTGCATCCCGGCGCAGGGCAAGCA
TACCCGCTTCAACACACACTGCTTTGAGTTGAGCTCCATTGA
```

grep 命令的一些重要参数如表 2-6 所示。

表 2-6　grep 命令的参数

参数	作用
-i	搜索时忽略大小写
-v	选择不相匹配的其他行文本
-n	给搜索匹配到的行加行号
-c	统计搜索匹配到的行数

(5)在文件/etc/passwd 中搜索"harry："开头的字符，如果不存在则添加 harry 用户到文件中，在终端执行如下命令：

> $ grep "^harry：" /etc/passwd || useradd harry

(6)在文件/etc/passwd 中搜索"harry："开头的字符，不区分字母的大小写，如果不存在则添加 harry 用户到文件中，在终端执行如下命令：

> $ grep -v "^harry：" /etc/passwd && useradd harry

(四)与系统进程相关的命令

1. ps(process status)

其代表查看进程状态。

正在运行的进程，可以通过使用 kill 命令和进程号(PIDs)来杀死。

用法：ps。

(1)在后台开启一个进程 sleep 1000，表示延迟 1000 秒时间，接着用 ps 命令查看该进程。在终端输入命令：

```
$   sleep   1000   &
$   ps
```

输出结果是：

```
ID   TTY          TIME   CMD
3383 pts/1        00：00：00 bash
3477 pts/1        00：00：00 sleep
3484 pts/1        00：00：00 ps
```

（2）杀死进程 sleep 1000，在终端输入命令：

```
$   kill 3477
[1]+   已终止                        sleep 1000
```

（3）用 ps 命令再一次查看进程是否被移除，如果进程没有被杀死，则用-9 选项强行杀死，在终端输入命令：

```
$ kill -9 3477
```

2. jobs

其代表查看作业号列表。

用法：jobs。

用该命令报告在后台处于挂起并且仍旧处于运行或等待运行状态的任何程序。Ctrl-z 命令将一个正在运行的程序使之处于挂起状态。

（1）列举出处于挂起状态的作业，在终端输入命令：

```
$ jobs
```

注意：使用 jobs 命令后，会显示出当前处于挂起状态的作业，每个作业将用数字的形式列举，如果继续一个作业，输入%，后紧跟作业号。

（2）重新开始作业号为 2 的作业，在终端输入命令：

```
$ %2
```

3. kill（terminate or signal a process）

其代表终止进程。

用法：kill [选项]　%作业号。

用这个命令可以汇报消灭任何处于挂起和不能立即开始的作业或程序。

（1）在使用作业命令查看处于挂起的作业列表之后，可以用 kill 命令终止处于挂起的作业号，在终端输入命令：

```
$ kill %3
```

(2)如果用 jobs 命令查看作业没有被取消，则用以下命令强行终止作业，在终端键入：

```
$ kill –9 %3
```

与系统进程相关的一些命令及其含义如表 2-7 所示。

表 2-7　系统进程命令

命令	作用
kill %1	杀死作业号 1
jobs	列举出当前的作业
fg %1	前台作业号 1
command &	在后台运行作业
bg	查看处于后台挂起的作业
^Z	挂起在前台运行的作业
^C	杀死正在前台运行的作业

(五) 帮助命令介绍

由于 Linux 命令有很多，要想完全掌握每一个命令，并记住该命令的使用方式及参数，几乎不可能，因此当人们在对该命令不熟悉使用方法时，可以借助于 Linux 的帮助系统来掌握该命令。

1. man

给出绝大多数命令的详细在线帮助内容。

用法：man 命令名。

该命令以在线手册的方式给出绝大多数 Linux 命令的使用内容。在该手册页中，告诉用户该命令使用中应该用到哪些参数，每个参数的具体使用格式。

如要查找 wc 命令的使用方法，包括参数等详细内容，从终端输入：

```
$ man wc
```

2. whatis

对该命令给出一行文字描述，但不包括命令的参数等其他信息。

用法：whatis 命令名。

如要查找 wc 命令的描述，可以从终端输入命令：

```
$ whatis wc
```

3. apropos

当对 Linux 命令比较模糊时,可以使用命令 apropos 来搜索与关键字匹配的命令。

用法: apropos 关键字。

```
$ apropos wc
```

第三节 Linux 环境下 Vi 编辑器的使用

Vi 是 Linux 下一个强大的文本编辑器之一。由于使用起来比较复杂,因此本节主要对 Vi 用在文本编辑器下的一些基本方法进行介绍,以足够满足执行一些基本任务的编辑工作。

一、启动 Vi 编辑器

在 Linux 终端命令行下,输入命令:

```
Vi   filename
```

按回车键即可进入。

二、几种模式切换

进入 Vi 编辑器后,有三种模式进行切换。

(1)按"i"键进入插入编辑状态。

(2)按"Esc"键返回到命令模式。

(3)在命令模式下按":"号进入退出保存模式状态。

三、编辑相关命令

1. 光标移动或定位

如表 2-8 所示。

表 2-8　键盘命令

键盘符号	作用
←，→，↑，↓	方向键，分别向左、右、上、下移动一个字符
(number) l	向右移动 number 个字符，省略 number 为 1
(number) h	向左移动 number 个字符，省略 number 为 1
(number) k	向上移动 number 行，省略 number 为 1
(number) j	向下移动 number 行，省略 number 为 1
0	移动到一行的开始
$	移动到一行的末尾
w/W	移到下一个单词或以空格或换行符为标志的第一个字符
e/E	移到下一个单词或以空格或换行符为标志的最后一个字符
b/B	移到前一个单词或以空格或换行符为标志的第一个字符
(/)	移到前一个句子的开头或后一个句子的开头
{ / }	移到当前段的开始或下一个段的开始
PgUP，＾B	向上移动一页
PgDN，＾F	向下移动一页
(number) G:	跳到 number 行；省略 number，移动到文件末尾
/string	查找 string
n/N	重复向后/向前搜索

2. 命令模式下的文本编辑

如表 2-9 所示。

表 2-9　命令模式下文本编辑

命令	作用
c$	从当前光标处修改到行末
dG	从当前光标处删除到文件末
dd	删除光标所在当前行
X	删除光标当前处的字符
(number) w	删除 number 个单词
J	把当前行和下一行的文本连接起来
u	撤销最后一次修改内容
U	恢复该行
r (char)	以 char 字符替换当前光标处的字符

3. 命令模式下的保存退出命令操作

如表 2-10 所示。

表 2-10 保存退出命令

命令	作用
：q	退出
：q!	不保存退出
：w	保存文件不退出
：x，：wq	保存退出
：w filename	以 filename 另存为文件

4. 命令模式下的复制粘贴命令操作

如表 2-11 所示。

表 2-11 复制粘贴命令

复制命令	作用
ynw	复制 n 个单词
yy	复制一行
ynl	复制 n 个字符
y$	复制当前光标至行尾处
nyy	复制行
P	使用该命令进行粘贴

5. 插入命令操作

如表 2-12 所示。

表 2-12 插入命令

插入命令	作用
i	在当前光标前插入字符
a	在当前光标后插入字符
I	在当前行的开始位置插入字符
A	在当前行的末尾位置插入字符
o	在光标位置的后面插入一新行

四、查找和替换命令

1. 简单查找

符号 "/" 在文本中用来进行前向搜索，而符号 "?" 在文本中用来进行后向搜索。输入符号"/"和"?"将出现在最后一行的命令模式中。

用法：

: /search_string<Return> 或 ?/search_string<Return>。

是用"/"进行前向搜索后，如要继续向下搜索，则按"n"键继续，按"N"键则向相反方向搜索。使用"?"进行后向搜索，如要继续向后搜索，则按"n"键继续，按"N"键则向相反方向搜索。

2. 全局查找

在 Vi 编辑器中进行全局搜索有两个搜索命令，即"g"和"v"，并配合搜索字符串一起使用。"g"命令将包括搜索的字符串，而"v"不包括搜索的字符串，这两个命令后紧跟编辑命令，如"d"命令用来删除搜索到的字符串或根本没出现的字符串。

: g/gimbel/d<Return>（删除包括字符串 gimbel 的所有行）。

: v/gyre/d<Return>（删除所有不匹配字符串 gimbel 的所有行）。

3. 查找并替换

搜索和替换命令有两个选项标识："g"标识和"c"标识，"g"代表全局，"c"代表条件。搜索和替换命令的用法如下：

: [address]s/search_string/replace_string/flags<Return>。

(1)在当前行中搜索第一次出现的字符串"were"，并用"was"字符串替换：

: s/were/was<Return>

(2)在当前行中搜索所有的字符串"were"，并用"was"全部替换：

: s/were/was/g<Return>

(3)在下面的例子中，"g"和"c"标识一起使用，在 1～5 行中搜索字符串"want"，并用字符串"would fly"替换。但替换前，要用户进行确认：

: 1, 5s/want/would fly/cg<Return>

按 y<Return>进行替换，或 n<Return>则不进行替换。缺省条件下是不替换。

(4)在整个文档中，用单词"blue"替换所有的单词"green"：

: %s/blue/green/g<Return>

(5)符号"&"被用在替换字符串中，使保持搜索字符串作为替换字符串的一部分，例如，将字符串"green"替换成"green car"：

: s/green/& car/<Return>

第四节　Shell 编程基础

在 Linux 下，有许多强大的工具可以用于各种实际应用目的，并且这是 Windows 所难以达到的。其中之一的工具就是"shell 编程"，顾名思义就是通过 Linux 下的 shell 命令来编写代码。这有点类似与 Windows 下的批处理命令，但跟 Linux 下的 shell 编程比较起来，功能相当有限。Shell 是一个命令解释器，它介于操作系统和用户之间，是一个相当强大的编程语言。一个 shell 程序，也叫作一个脚本，是一个相当容易使用的工具，它通过系统调用、工具、应用及编译二进制码结合在一起来构建应用程序。在 Linux 下，有许多种不同的 shell 可用，但最常使用的 shell 叫作"Bash"。对于处理许多重复、自动循环和大的任务时，最适合通过编写 shell 脚本来执行，这样可以节省大量的时间。

在 Linux 下，使用 shell 命令有两种基本的方法，具体如下所述。

一是交互方式：在交互模式下，用户从终端输入单个的命令或者一个简短的命令字符串，敲回车键之后，结果就会在屏幕中显示出来。

二是 shell 脚本：用户用文本编辑器，在里面输入许多行命令，并将内容保存起来作为一个 shell 脚本，在终端可以执行。

由于 shell 脚本是由 shell 命令结合而成，因此掌握一些最基本的 shell 命令，对于编写 shell 脚本是相当必须的。本节前面已介绍了一些最基本的命令，读者有兴趣还可以参阅其他书籍。

编写 shell 脚本的基本步骤如下所述。

(1)选择最适合自己的文本编辑器，比如 Linux 下的 Vi 和 emacs 等。

(2)编写脚本语句，并在里面输入以下两行语句(每行添加换行符)：

`#!/bin/bash`　#shell 脚本语句的第一行，表示使用的 shell 是 bash

    echo "Welcome to shell programming world!"

(3)将以上两个 shell 脚本语句以文件名 myfirstscript.sh 保存。

(4)转向命令 shell 终端行。

(5)在命令 shell 中，输入：

`$ chmod +x myfirstscript.sh`　# 使该文件具有执行权限

(6)在当前目录下执行脚本：

    $. / myfirstscript.sh

结果显示：

Welcome to shell programming world!

(谭鹏程　唐娅琴　彭　睿)

参 考 文 献

Keith Bradnam，Ian Korf. 2012. Unix and Perl Primer for biologists.Version 3.1.1 http：//korflab. ucdavis. edu/unix and Perl/curr.

Introduction to Unix commands.https：//kb.iu.edu/d/afsk.

Unix command summary.http：//www.math.utah.edu/lab/unix/unix-commands.html.

UNIX tutorial for beginners.http：//www.ee.surrey.ac.uk/Teaching/Unix/

Introduction to the vi editor.http：//facultyfp.salisbury.edu/taanastasio/COSC350/Fall02/Goodies/ vi_intro.html.

第三章 基因序列比对

第一节 BLAST 比对

一、BLAST 介绍

在序列分析中，BLAST(basic local alignment search tool)算得上是最出名的序列分析工具。它通过最大程度地彼此比对，然后在数据库中查询该序列的方式来比较两条序列。BLAST 程序的总体比对算法思想是：首先通过完全匹配来查找序列，然后通过允许有误匹配的方式来扩展比对区域。BLAST 程序的主要用途有：①推断和鉴定查询序列的功能。②帮助指导实验设计来论证该功能。③在模式生物(如人类、酵母和小鼠等)中发现相似的序列，并把该序列用来进一步研究基因。④在全基因组之间进行彼此之间的比较，从而来识别不同生物体之间的相似性和差异。⑤发现与该序列相似的同源序列。⑥用序列相似性来推断两个或更多的基因或蛋白质之间的同源性和结构相似性。⑦识别一个蛋白质中更多的保守区域，特别是潜在的具有重要功能的区域识别。⑧在基于同一个位点或区域的基础上比较和同源对照。⑨从序列相似性来推断进化距离。

BLAST 是用来把感兴趣的序列跟已经存在的大数据库进行比较的一个强大的比对工具。通过比对识别相关的序列，从而能获得你感兴趣的基因和蛋白质的功能和进化过程。

二、BLAST 程序介绍

BLAST 有五种比对方式，即 BLASTn、BLASTp、BLASTx、TBLASTn 和TBLASTx，各个程序的介绍如表 3-1 所示。

表 3-1 BLAST 程序的介绍

程序名	查询序列类型	数据库序列类型	比对后的序列类型
BLASTn	核酸序列	核酸数据库	核酸
BLASTp	蛋白质序列	蛋白质数据库	蛋白质
BLASTx	核酸序列	蛋白质数据库	蛋白质
TBLASTn	蛋白质序列	核酸数据库	蛋白质
TBLASTx	核酸序列	核酸数据库	蛋白质

具体解释如下。

（1）BLASTn：从核酸序列到核酸数据库中的一种查询。库中存在的每条已知序列都将同所查序列做一对一的核酸序列比对。

（2）BLASTp：蛋白质序列到蛋白质数据库中的一种查询。库中存在的每条已知序列将逐一地同每条所查序列做一对一的序列比对。

（3）BLASTx：核酸序列到蛋白质数据库中的一种查询。首先将核酸序列翻译成蛋白质序列（一条核酸序列会被翻译成可能的 6 条蛋白质序列），再对每一条做一对一的蛋白序列比对。

（4）TBLASTn：蛋白质序列到核酸数据库中的一种查询。它与 BLASTx 相反，它是将库中的核酸序列翻译成蛋白质序列，再同所查序列做蛋白与蛋白的比对。

（5）TBLASTx：核酸序列到核酸数据库中的一种查询。此种查询将库中的核酸序列和所查的核酸序列都翻译成蛋白质序列（每条核酸序列会产生 6 条可能的蛋白质序列），这样每次比对会产生 36 种比对阵列，这是最耗费时间的一种比对方法。

三、BLAST 程序安装

BLAST 程序可以通过在线网络运行和本地运行两种方式进行。在线网络运行只需要进入 BLAST 网址（http：//www.ncbi.nlm.nih.gov/blast/），不需要任何安装，即可使用。

而本地运行 BLAST 程序，则需要在本地服务器端安装 BLAST 程序，其安装步骤如下。

（一）下载 BLAST 程序

首先从链接：ftp：// ftp.ncbi.nlm.nih.gov/blast/executables/release/2.2.26/，进入 BLAST 程序下载网页，选择 Linux 版本、64 位，即可将 BLAST 程序文件 blast-2.2.26-x64-Linux.tar.gz 下载到本地服务器上。

（二）安装 BLAST 程序

在 fedora18 下，依次执行如下命令：

```
# gunzip blast-2.2.26-x64-Linux.tar.gz
# cd blast-2.2.26
```

显示结果如下：

bin data doc VERSION

进入 bin 目录可以看到以下文件：

bl2seq blastall blastclust blastpgp copymat fastacmd formatdb formatrpsdb impala makemat megablast rpsblast seedtop

如果出现以上文件，表明 BLAST 程序已经在机器上成功安装。

注意：查看 bin 目录下各个命令的使用方法，则可以在 doc 目录下通过网页方式查看。

(三)运行 BLAST 程序

1. 在线运行 BLAST 程序

通过进入 BLAST 网站地址 http：//blast.ncbi.nlm.nih.gov/Blast.cgi，在线提交序列并分析出结果。

优点：数据库更新及时。

缺点：在同一时间提交序列有限，且较慢。

实例操作：选取黄牛、猫、猕猴、小家鼠及非洲爪蟾五种动物的 p53 基因序列，使用 BLAST 工具进行比对，以分别搜索出可能和其他生物体相似的序列。这五种动物的 p53 基因序列文件是 all_p53_seqs.fasta。

(1)进入 NCBI 的 BLAST 比对程序界面。如图 3-1 所示。

图 3-1　BLAST 比对程序界面

(2)从 Basic BLAST 条目中选择"Nucleotide BLAST",出现如图 3-2 的界面。

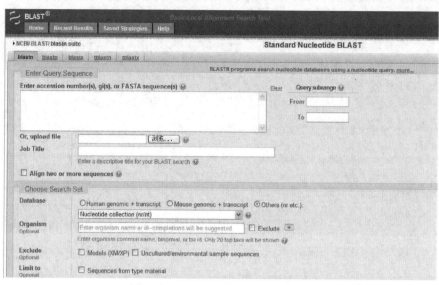

图 3-2 "Nucleotide BLAST"界面

(3)在图 3-2 界面中,选择默认的"blastn"程序,然后在下面的文本框中粘贴 p53 序列,或通过浏览按钮指定序列所在的文件 all_p53_seqs.fasta。"Database"选项中,保持默认的(nr/nt)数据库,然后点击界面底端的"BLAST"按钮即可完成 BLAST 比对。如图 3-3 所示。

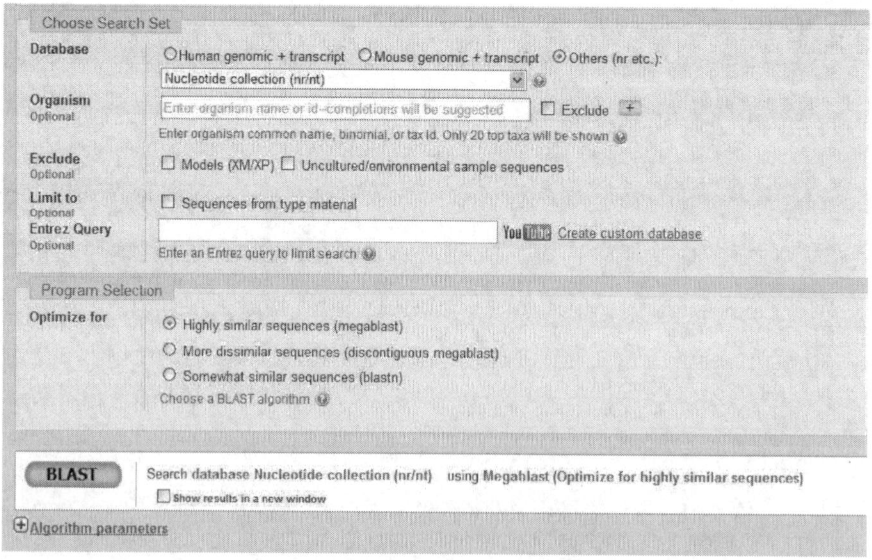

图 3-3 "BLAST 比对选项"界面

(4)BLAST 比对结果(选取 Bos taurus p53 的序列为例)。

1)总的比对结果总结,如图 3-4 所示。

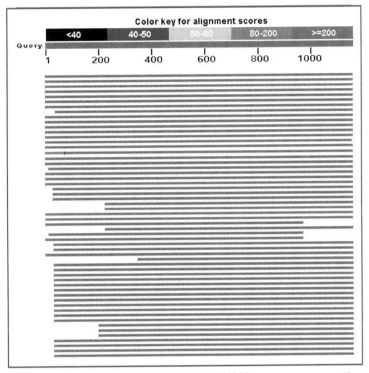

图 3-4 BLAST 比对结果

2)产生的有意义的比对结果,截取其中一部分。如图 3-5 所示。

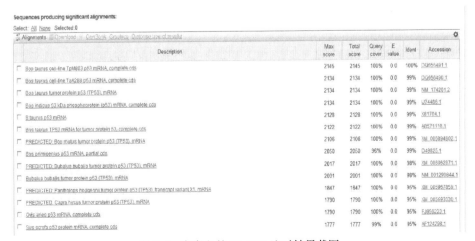

图 3-5 有意义的 BLAST 比对结果截图

3)Hit(击中)后的结果统计。从比对结果界面的菜单上依次选择 Download→Hit Table(text)或 Hit Table(csv)。

从文件中得到的比对统计结果如下所述。

(1)Query：gi|109690032：1-1161 Bos taurus cell-line TpM803 p53 mRNA, complete cds 101 hits found。

(2)Query：gi|538224：127-1287 Felis catus mRNA for p53,complete cds 100 hits found。

(3)Query：gi|409391：94-1275 Rhesus monkey p53 mRNA,complete cds 117 hits found。

(4)Query：gi|200202：54-1199 Mouse p53 mRNA，complete cds，clone p53-m8 103 hits found。

(5)Query：gi|545101：100-1188 p53=tumor suppressor [Xenopus laevis，embryo，mRNA，2167 nt]　8 hits found。

2. 本机运行 BLAST 程序

优点：速度快、灵活性大。

缺点：序列数据库下载量大，由于新的序列更新很快，下载的数据很快过时。

实例介绍：用 2 条 16S rRNA 序列数据与 *E.coli*(大肠杆菌)数据库进行比对。数据文件为：16S_rRNA.fasta 和 e_coli.fasta。

(1)格式化数据库。

用法：formatdb -i fastafile -p F -o T。

该例中执行以下命令：

```
$ formatdb -i e_coli.fasta -p F -o T
```

将会产生如下的文件：

```
e_coli.fasta.nhr  e_coli.fasta.nnd  e_coli.fasta.nsd  e_coli.fasta.nsq   e_coli.fasta.nin
e_coli.fasta.nni   e_coli.fasta.nsi   formatdb.log
```

说明如下。

1)formatdb 为格式数据库命令名。

2)参数-i 为输入的要格式化的数据库名称，通常为 fasta 格式。

3)参数-p 为输入的数据库文件类型，是蛋白质还是核酸序列，其值为 T(蛋白质)或 F(核酸)。

4)参数-o 为是否分析 SeqId 和创建索引，取值为 T=true，表示分析 SeqId 和创建索引，取值为 F=false，表示不分析 SeqId 和创建索引。

注意：格式化后的文件必须连同输入的格式化数据库文件放在同一目录下。

（2）比对。

用法：blastall -p programname -d databasefilename -i queryfilename \

-m output_view_format -o outputfilename。

该例中执行以下命令：

```
$ blastall -i 16S_rRNA.fasta -d e_coli.fasta \
-p blastn -o result_16S_rRNA.txt
```

说明如下。

1）-p：选择 BLAST 比对的程序名，从 BALASTn、BLASTp、BLASTx、TBLASTn 和 TBLASTx 中任选一程序，该例中为 BLASTn。

2）-d：所用序列数据库的名称，默认为：nr，该例中为 ecoli.nt。

3）-i：比对中用到的查询序列文件，默认为 stdin，即从当前目录下的 fasta 格式文件中输入，该例为 16S_rRNA.fasta 文件。

4）-e：期望值，默认取值为 10.0。

5）-m：输出比对结果文件浏览类型，有 9 个取值，其中取值为 7 表示以 xml 格式输出，8 为表格方式输出。

6）-o：BLAST 为比对后的报告输出文件，该例中比对结果输出文件为 result_16S_rRNA.txt。

（3）查看 BLAST 比对结果。

```
$ more    result_16S_rRNA.txt
```

3. 通过 remote_blast_client.pl 程序在线运行

由于在线运行 BLAST 程序在某个时间只能提交一条序列，如果需要分析大量的序列集，该方法需要花费很长时间。Perl 脚本程序：remote_blast_client.pl 综合了以上两种比对方式的优点，既能在线比对，同时又能比对多条序列。

实例操作：五种动物的 p53 基因序列比对。

下面是运行该程序方法的步骤。

（1）下载 remote_blast_client.pl 程序：Wget http：//www.ualberta.ca/~stothard/\downloads/remote_blast_client.zip \--user-agent=IE。

（2）解压 remote_blast_client.zip 文件。

在终端执行命令：

```
$ unzip remote_blast_client.zip
```

(3)赋予 remote_blast_client.pl 文件执行权限。

在终端执行命令：

```
$ chmod u+x remote_blast_client/remote_blast_client.pl
```

(4)安装 fedora 的升级包 perl-XML-Parser

在终端执行命令：

```
$ yum install perl-XML-Parser
```

(5)安装 Perl 的 XML：：DOM 模块，执行命令：

```
$ perl -MCPAN -e "install XML：：DOM"
```

注意：要先安装 CPANN，然后执行 perl -MCPAN -e shell，进入 CPAN 环境。

(6)在当前目录下运行 remote_blast_client.pl 程序

```
$ ./remote_blast_client/remote_blast_client.pl \
-i all_p53_seqs.fasta \
-o remote_blast_results.txt -b blastn -d nr
remote_blast_results.txt
```

即为比对结果。

(7)产生的比对结果。如下所示。

说明：结果只显示每个查询序列比对后的得分值(%_identity)靠前的前 5 个序列。可以通过编辑修改文件 remote_blast_client.pl 的#HITLIST_SIZE=5 行的数值来改变比对后 Hit 的序列个数。

第二节　BLAT 比对

一、BLAT 介绍

BLAT 是一个强大的序列比对工具，特别是在全基因组或蛋白质组中搜索感兴趣的序列方面，BLAT 比对更加有效。由于 BLAT 程序主要是通过搜索剪接位点保守序列来实现，因而在将 cDNA 序列比对到基因组序列上，BLAT 比 BLAST 搜索速度更快。相对 BLAST 来说，BLAT 没有那么敏感，因而主要用在同源性比对上，涉及从来自于相同的物种(如人类 cDNA 跟人类基因组的比对)或者相近的物种(如人类 cDNA 跟黑猩猩的比对)的比较上，BLAT 比较合适。

二、下载 BLAT

BLAT 软件从网站 http：//users.soe.ucsc.edu/~kent/src/下载，当前最新版是 blatSrc35.zip。

三、编译安装 BLAT

BLAT 已经是一个很经典的比对软件，但对其依赖比较多。编译安装过程如下。

1. 解压 BLAT

```
# unzip blatSrc35.zip
```

执行以上命令后，会在当前目录下产生目录 blatSrc。

```
# cd blatSrc
```

2. 设置 MACHTYPE 变量

先使用命令 uname -a 查看 Linux 体系类型，本机的体系类型为 x86_64 GNU/Linux。执行命令：

```
# export MACHTYPE=x86_64
```

3. 创建目录路径

在编译前要创建需要的目录路径：#mkdir -p ~/bin/x86_64。

4. 编译

```
#make
```

四、运行 BLAT

在当前目录下输入命令：

```
#blat
```

五、BLAT 运行实例

（1）使用 BLAT 程序将一个牛胰岛素 cDNA 跟牛 29 号染色体序列进行比对。

用法：blat　database query output。

```
# blat sequences/bos_taurus_chromosome_29.fasta \
sequences/bos_taurus_insulin_cDNA.fasta   blat_chr_29_output.txt
```

输出结果包括与 cDNA 序列相似区域的位点，并不是一个序列的比对。

（2）使用 pslPretty 程序从位点中产生一个序列比对，该程序未包含在 BLAT 程序中。

```
#pslPretty blat_chr_29_output.txt \
sequences/bos_taurus_chromosome_29.fasta \
sequences/bos_taurus_insulin_cDNA.fasta \
blat_chr_29_alignment.txt
```

查看该比对结果：

```
# more     blat_chr_29_alignment.txt
```

（3）BLAT 程序通常用来把查询序列跟全基因组而不是某个染色体序列进行比对。下面使用全基因组进行比对。

下载牛全基因组序列：

```
#cd  ~
#mkdir bovine_genome
#cd bovine_genome
```

```
#wget -nd -r -A.fa.gz \
ftp：//ftp.hgsc.bcm.tmc.edu/pub/data/Btaurus/fasta/ \
Btau20070913-freeze/LinearScaffolds/*
# gunzip *.fa.gz
```

```
TGCATTCGAGGCTGCCAGCAAGCAG------263------GTCCTCGCAGCCCCGCCATG
||||||||||||||||||||||||||                    |||||||||||||||||||
TGCATTCGAGGCTGCCAGCAAGCAGGTCCGT...CGCCAGGTCCTCGCAGCCCCGCCATG

GCCCTGTGGACACGCCTGCGGCCCCTGCTGGCCCTGCTGGCGCTCTGGCCCCCCCCCCG
||||||||||||||||||||||||    |||||||||||||||||||||||| ||||| |||||||
GCCCTGTGGACACGCCTGGCGCCCCTGCTGGCCCTGCTGGCGCTCTGGGCCCCGCCCCG

GCCCGCGCCTTCGTCAACCAGCATCTGTGTGGCTCCCACCTGGTGGAGGCGCTGTACCTG
||||||||||||||||||||||||||||||||||||||||||||||||||||||||||||
GCCCGCGCCTTCGTCAACCAGCATCTGTGTGGCTCCCACCTGGTGGAGGCGCTGTACCTG

GTGTGCGGAGAGCGCGGCTTCTTCTACACGCCCAAGGCCCGCCGGGAGGTGGAGGGCCCG
||||||||||||||||||||||||||||||||||||||||||||||||||||||||||||
GTGTGCGGAGAGCGCGGCTTCTTCTACACGCCCAAGGCCCGCCGGGAGGTGGAGGGCCCC

CAGG------476------TGGGGGCGCTGGAGCTGGCCGGAGGCCCGGGCGCGGGCGGC
||||                |||||||||||||||||||||||||||||||||||||||||
CAGGGTGAGC...CCGCAGTGGGGGCGCTGGAGCTGGCCGGAGGCCCGGGCGCGGGCGGC

CTGGAGGGGCCCCCGCAGAAGCGTGGCATCGTGGAGCAGTGCTGTGCCAGCGTCTGCTCG
||||||||||||||||||||||||||||||||||||||||||||||||||||||||||||
CTGGAGGGGCCCCCGCAGAAGCGTGGCATCGTGGAGCAGTGCTGTGCCAGCGTCTGCTCG

CTCTACCAGCTGGAGAACTACTGTAACTAGGCCTGCCCC-GACAC-AATAAACCC--TTA
|||||||||||||||||||||||||||||||||||| ||||| |||||||||| | |
CTCTACCAGCTGGAGAACTACTGTAACTAGGCCTGCCCCGACACCAATAAACCCCTTGA

CGAGC
|||||
CGAGC
```

六、在线运行 BLAT

BLAT 通过网址 http：//genome.ucsc.edu/cgi-bin/hgBlat 可以在线运行。

第三节　Clustal W 多序列比对

一、简　　介

Clustal 系列程序广泛用于分子生物学研究中涉及核酸、蛋白质的全局多序列比对，为进一步构建分子进化树等进化分析提供了基础。欧洲分子生物实验室（EMBL）和欧洲分子生物信息学中心（EBI）的科学家们在 1988 年开发了第一个 Clustal 程序，之后一直不断改进、完善。1992 年推出的新版本软件被命名为 Clustal V，增加了基于已有剖面（profile）进行比对的功能。1994 年，推出了第三代软件，就是笔者要介绍的 Clustal W，它在原有的基础上进行了多项算法上的改进。

　　序列两两比对的标准方法是动态规划算法，但是如果直接对所有序列应用这种方法的话，当量稍微变大时，那么在现有计算能力下的计算时间将变得不可想象。因此，Clustal W 引入了引导树（guide tree）的办法，简单介绍如下。

　　(1)所有的序列两两比对，计算得到包含每对序列分歧程序的距离矩阵。

　　(2)根据距离矩阵计算得到引导树。

　　(3)根据前面得到的引导树的分支顺序，逐级比对（progressive alignment），最终得到全部序列的全局比对结果。

二、下载 Clustal W

　　从网址 http：//www.clustal.org/download/current/ 下载 clustalw-2.1-Linux-x86_64-libcppstatic.tar.gz 文件。

三、安装 Clustal W

　　解压并安装，执行如下命令：

```
#tar clustalw-2.1-Linux-x86_64libcppstatic.tar.gz
# cd clustalw-2.1-Linux-x86_64-libcppstatic
# ./configure
#make
#make install
```

四、运行 Clustal W 程序

　　实例：使用 Clustal W 程序运行黄牛、猫、猕猴、小家鼠及非洲爪蟾五种动物的 p53 基因序列。该序列文件名为 all_p53_seq.fasta。

```
#clustalw2 -INFILE=all_p53_seq.fasta \
```

-OUTPUT=CLUSTAL -OUTFILE=result_clustalw.out -SEQNOS=ON

参数说明：

-INFILE：输入的序列文件。

-OUTPUT：输出的文件类型格式，有七种：CLUSTAL（缺省）、GCG、NBRF-PIR、PHYLIP、GDE、NEXUS 和 FASTA。

-OUTFILE：指定输出的文件名。

-SEQNOS：值为 ON 或 OFF，为 ON 仅仅适合 Clustal 格式输出。

查看结果：

#more result_clustalw.out

五、命令方式运行 Clustal W

在命令行输入：

#clustal W 然后回车。

(1)进入如下界面，选择1。

```
********************************************************************
******** CLUSTAL 2.1 Multiple Sequence Alignments   ********
********************************************************************


    1. Sequence Input From Disc
    2. Multiple Alignments
    3. Profile / Structure Alignments
    4. Phylogenetic trees

    S. Execute a system command
    H. HELP
    X. EXIT (leave program)


Your choice: 1
```

(2)回车之后，进入界面2，并输入序列名字：all_p53_seq.fasta，然后回车。

```
********************************************************************
******** CLUSTAL 2.1 Multiple Sequence Alignments   ********
********************************************************************


    1. Sequence Input From Disc
    2. Multiple Alignments
    3. Profile / Structure Alignments
    4. Phylogenetic trees

    S. Execute a system command
    H. HELP
    X. EXIT (leave program)


Your choice: 1


Sequences should all be in 1 file.

7 formats accepted:
NBRF/PIR, EMBL/SwissProt, Pearson (Fasta), GDE, Clustal, GCG/MSF,

Enter the name of the sequence file : all_p53_seq.fasta
```

(3)进入界面3，选择2，多序列比对，然后回车。

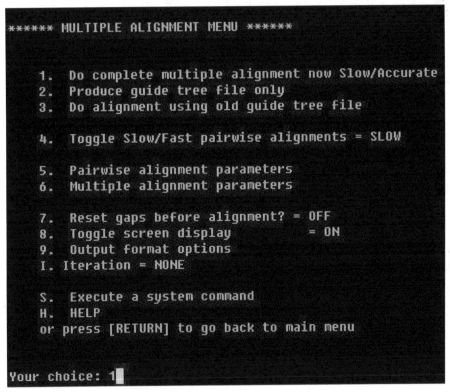

(4)进入界面 4, 选择 1, 确认立即执行多序列比对, 然后回车。

(5)进入界面 5, 为 Clustal W 输出文件取名字, 默认文件名为 all_p53_seq.aln, 回车表示默认。

```
****** MULTIPLE ALIGNMENT MENU ******

    1.  Do complete multiple alignment now Slow/Accurate
    2.  Produce guide tree file only
    3.  Do alignment using old guide tree file

    4.  Toggle Slow/Fast pairwise alignments = SLOW

    5.  Pairwise alignment parameters
    6.  Multiple alignment parameters

    7.  Reset gaps before alignment? = OFF
    8.  Toggle screen display           = ON
    9.  Output format options
    I.  Iteration = NONE

    S.  Execute a system command
    H.  HELP
 or press [RETURN] to go back to main menu


Your choice: 1

Enter a name for the CLUSTAL output file  [all_p53_seq.aln]:
```

（6）接着出现界面 6，为引导树输入文件名，默认文件名为 all_p53_seq.dnd，回车即可。

```
Start of Pairwise alignments
Aligning...

Sequences (1:2) Aligned. Score:  82
Sequences (1:3) Aligned. Score:  83
Sequences (1:4) Aligned. Score:  73
Sequences (1:5) Aligned. Score:  46
Sequences (2:3) Aligned. Score:  84
Sequences (2:4) Aligned. Score:  74
Sequences (2:5) Aligned. Score:  51
Sequences (3:4) Aligned. Score:  76
Sequences (3:5) Aligned. Score:  48
Sequences (4:5) Aligned. Score:  47
Enter name for new GUIDE TREE          file   [all_p53_seq.dnd]:
```

通过以上 6 个步骤即完成了 Clustal W 程序的键盘交互操作比对过程。

六、在线方式运行 Clustal W

从网址 http：//www.ebi.ac.uk/Tools/msa/clustalw2/也可以运行 Clustal W 多序

列比对。

（谭鹏程　冉隆科）

参 考 文 献

Altschul SF, Gish W, Miller W, et al. 1990. Basic local alignment search tool. J Mol Biol, 215 (3)：
　　403-410.
Altschul　SF, Madden TL, Schäffer AA, et al. 1997. Gapped blast and PSI-blast：a new generation
　　of protein database search programs. Nucleic Acids Research, 25 (8)：3389-3402.
Gish W, States DJ. 1993. Identification of protein coding regions by database similarity search.
　　Nature Genet, 3 (3)：266-272.
Darryl Leon, Scott Markel. 2003. Sequence Analysis in A Nutshell. New York：O'Reilly.
Paul Stothard. 2012.An introduction to Linux for bioinformatics. http：//www. ualberta. ca/
　　~stothard/downloads/linux_for_bioinformatics. Pdf.

第四章 基因芯片分析

第一节 引 言

基因芯片(gene chip)(又称 DNA 芯片、生物芯片)包括 cDNA 微阵列和寡核苷酸芯片,是指能够在一个几平方厘米的芯片上放置对应于成千上万个基因的 DNA 探针,并同时测定这些基因在样品中的表达,这类技术被称为基因芯片。研究者通过它使用计算的方法来分析和解释由微阵列实验产生的海量数据。基因芯片出现于 20 世纪 90 年代末,是首次运行高通量技术对基因表达进行分析。基因芯片运用杂交测序方法的原理,即在腺嘌呤(A)、胸腺嘧啶(T)、鸟嘌呤(G)和胞嘧啶(C)这四种核苷酸中,A 和 T、G 和 C 分别能形成紧密的配对。这种配对的过程称为杂交(hybridization)。它通过与一组已知序列的核酸探针进行杂交,在一块基片表面固定了序列已知的靶核苷酸的探针,它允许不同的杂交试验并行执行。在微阵列实验中,使用来自每个点的信号强弱来估计每个基因的表达水平。由于一个微阵列包括成千上万的 DNA 片段,这些点能转换成一个基因组中几乎所有的基因,从而可以衡量成千上万个基因的表达水平。DNA 微阵列是衡量基因表达水平的一种高通量技术,通过对基因表达数据的分析,可以获取基因功能和基因表达调控信息,这是生物信息学的重大挑战之一,也是 DNA 微阵列能够在生物医学领域中广泛应用的关键原因之一,从而成为一种强有力的生物医学研究工具。

第二节 DNA 微阵列分析

分子生物学主要集中于对单个基因进行详细研究和理解。然而在许多生物进程中,特别是疾病的发生,是由多个基因的活动共同作用的结果。

如图 4-1 所示,跟正常细胞相比较,肿瘤细胞有不同的基因表达谱。基因芯片技术,连同基因组信息,使得在某个特定时间内同时研究成千上万的基因表达成为可能。

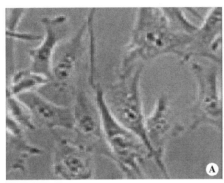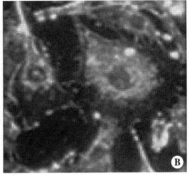

图 4-1　正常细胞和肿瘤细胞

A. 正常细胞；B. 肿瘤细胞

一、DNA 微阵列实验介绍

DNA 微阵列实验是如何用来研究基因表达模式的？

其基本的方法是衡量所有信使 RNAs(mRNAs) 在细胞中是否存在。基本假设是如果一个基因被转录成 mRNA，那么这个基因就得到了表达。由于微阵列是由来自于基因组中所有基因的 DNA 短片段组成。判定具体哪一条序列对应微阵列上的哪个基因是一个复杂的过程。简单起见，笔者假定每个点代表一个单个的基因。具体实验过程如图 4-2 所示。

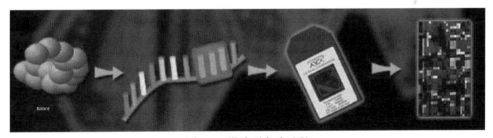

图 4-2　微阵列实验过程

肿瘤细胞在特定的基因中表达吗？

(1) mRNA 从细胞中提取。在样品制备中，一个样品来自于肿瘤细胞，另外一个样品来自于正常细胞。

(2) 使用逆转录酶将 mRNAs 转化成互补的 DNA(cDNA)。如图 4-3 所示。

(3) 使用荧光标记将 cDNA 进行标记。将肿瘤细胞用"红色"进行标记，正常细胞用"绿色"进行标记。同时将两种样品彼此进行混合，并允许相互杂交到微阵列的互补 DNA 序列上。如图 4-4 所示。

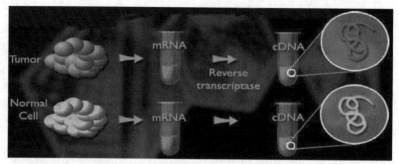

图 4-3　正常细胞和肿瘤细胞的实验过程

使用激光扫描仪来衡量分别来自于"红色"和"绿色"点上的荧光。对分析者来说，一个颜色的结果值为是否叠加到另外一个颜色之上。

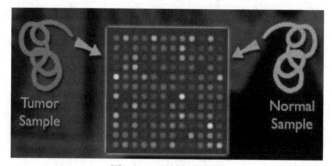

图 4-4　两种样品标记

(4)荧光强度判定。

荧光强度和在样品中相关基因的 cDNA 含量密切相关。显示"红光"的点表示这个基因在一个肿瘤细胞中高度表达，而在一个正常细胞中不表达；显示"绿色"光的点表示某个基因在一个正常细胞中高表达，而在肿瘤细胞中不表达。如果一个基因在两个样品中都高表达，其对应的点就变成"黄色"（同时结合"红光"和"绿光"产生的颜色）。最后在微阵列上的数据就包括了成千上万个不同颜色的点。这三种颜色分别有其他的较弱颜色，表示该颜色的低表达值。如图 4-5 所示。

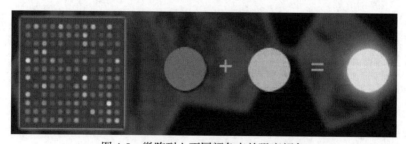

图 4-5　微阵列上不同颜色点的强度颜色

二、解释微阵列数据

在进行微阵列数据分析前,将首先对阵列上不同颜色的点转化成相应的数字。转化的方法很多,为了简单起见,笔者仅以 4 个基因为例进行介绍。

(1)对微阵列上的点用较小的数字单位进行表示,如图 4-6 所示,从而微阵列上的每个点被转化成红色染料和绿色染料的比值(ratio)(红色/绿色)。

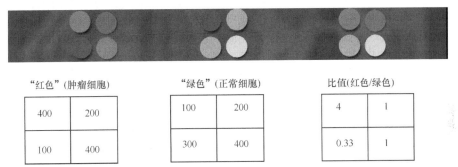

"红色"(肿瘤细胞)

400	200
100	400

"绿色"(正常细胞)

100	200
300	400

比值(红色/绿色)

4	1
0.33	1

图 4-6　不同颜色的点转换成相应的数字

(2)微阵列和基因表达相关联。由于微阵列上的每个点对应于一个基因。当 ratio>1 时,基因在肿瘤的形成过程中被诱导(被刺激产生更多的 mRNA)。在图 4-7 中 GeneA 被诱导 4 倍。当 ratio<1 时,基因在肿瘤形成过程中被抑制(产生更少的 mRNA),GeneC 被抑制了 3 倍。肿瘤形成过程中,GeneB 和 GeneC 没有受到影响(ratio=1)。如图 4-7 所示。

	GeneA	GeneB	GeneC	GeneD
"红色"(肿瘤)	400	200	100	400
"绿色"(正常)	100	200	300	400
比值(ratio)	4	2	0.33	1

图 4-7　4 个基因对应不同的表达值颜色

三、对微阵列数据进行处理

以上对 4 个基因在一个样品下的芯片表达值的产生进行了解释。在实际中,基因表达模式通常受细胞的生理状态和其他不同的条件影响，并且涉及成千上万的基因在不同的样品和条件下的表达值，为了便于理解，笔者仅以 4 个基因在 5 个样品下的芯片表达值为例，对微阵列数据处理进行分析。基本数据如表4-1 所示。

表 4-1　4 个基因在 5 个样品下的表达值（ratio）

	sample1	sample2	sample3	sample4	sample5
GeneA	4	2	3.5	1.5	0.8
GeneB	1	0.8	2	0.5	1
GeneC	0.33	1	0.25	0.25	1.2
GeneD	1	1.3	3	1	0.8

为了分析大量的微阵列表达数据，一般使用统计方法进行分析。然而，小数并不适合进行统计运算。因此，在分析中对涉及的微阵列数值一般通过以 2 为底的函数进行转换，而不以 10 等其他数为底进行转换。取以 2 为底对数，比较直观看出比值的成倍变化情况：每增加或减少 1，相应的倍数就是以 2 倍值进行改变。ratio、Log_2 及 Log_{10} 之间的转换对应关系如表 4-2 所示。

表 4-2　ratio、Log_2 及 Log_{10} 之间的对应关系

ratio	0.1	0.25	0.5	1	2	4	10
Log_2	−3.32	−2	−1	0	1	2	3.32
Log_{10}	−1	−0.602	−0.301	0	0.301	0.602	1

对表 4-1 的表达值取 Log_{10} 对数，结果如表 4-3 所示。

表 4-3　4 个基因在 5 个样品下的 Log_{10} 值

	sample1	sample2	sample3	sample4	sample5
GeneA	0.602	0.301	0.544	0.176	−0.096 9
GeneB	0	−0.096 9	0.301	−0.301	0
GeneC	−0.481	0	−0.602	−0.602	0.079 2
GeneD	0	0.114	0.477	0	−0.096 9

表 4-3 的数值，常常被转换成一个带颜色的尺度进行衡量，从而更加容易看出表达模式，并且这种带有颜色尺度的衡量模式在论文中广泛使用。特别需要注意的是：基因芯片的原始数据是通过来自于红色和绿色的荧光标记的不同尺度表示的。如图 4-8 所示。

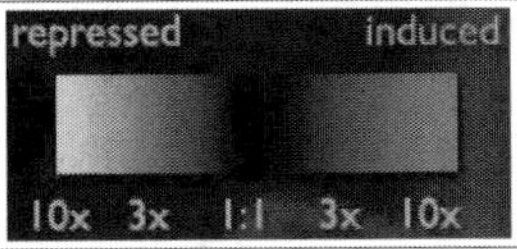

图 4-8　4 个基因在 5 个样品下的 Log_{10} 值及相应的颜色

四、对微阵列数据进行相似性分析

对基因微阵列表达谱进行聚类分析之前，必须首先确定反映不同基因表达谱相似程度的度量函数，根据该函数可以将相似程度高的基因分为一类。在实际计算中，还可以用距离代替相似的概念，相似性度量被转化为两个基因表达谱之间的距离相似性。距离越小，表达模式越相近；反之，则表达模式差异越大。

常见的相似性度量方法有距离、相关系数、点积及互信息等。本节使用距离来度量两个基因微阵列表达谱的相似性距离。假设两个基因 GeneA 和 GeneB 在微阵列表达谱(在 5 个不同样品下的表达谱为例)分别为：GeneA：GeneB：X_{1A}；X_{2A}；X_{3A}；X_{4A}；X_{5A}；X_{6A}。X_{1B}；X_{2B}；X_{3B}；X_{4B}；X_{5B}；X_{6B}。

(1)欧几里得距离：$$\sqrt{\sum_{i=1}^{6}\left(X_{iA}-X_{iB}\right)^2}$$ （式 4-1）

(2)曼哈顿距离：$$\sum_{i=1}^{6}\left|X_{iA}-X_{iB}\right|$$ （式 4-2）

(3)皮尔森相关系数：$$r=\frac{1}{n-1}\sum_{i=1}^{n}\left(\frac{X_{iA}-\overline{X_{iA}}}{s_A}\right)\left(\frac{Y_{iB}-\overline{Y_{iB}}}{s_B}\right)$$ （式 4-3）

$$S=\sqrt{\frac{\sum_{i=1}^{n}(s_i-\overline{s})^2}{n}}$$

式中：$n=6$，S_A 和 S_B 分别为 GeneA 和 GeneB 在 5 个样品中的均方差。在本节中，笔者使用皮尔森相关系数来进行微阵列基因间的相似性度量。将表 4-3 使用皮尔森相关系数公式进行计算。计算过程如下。

(1)为了计算相似度分值，首先需要计算每个基因表达值的均值和标准偏差。

计算结果如表 4-4 所示。

表 4-4　计算基因在 5 个样品下的均值和标准差

	sample1	sample2	sample3	sample4	sample5	均值	标准差
GeneA	0.602	0.301	0.544	0.176	−0.096 9	0.305	0.254
GeneB	0	−0.096 9	0.301	−0.301	0	−0.019 4	0.194
GeneC	−0.481	0	−0.602	−0.602	0.079 2	−0.321	0.299
GeneD	0	0.114	0.477	0	−0.096 9	0.0988	0.200

(2)归一化每个基因在某个样品下的表达值。通过基因在某个样品下的(表达值−基因在所有样品下的均值)/(基因在所有样品下的标准差)进行计算。

GeneA 在样品 1 下的归一化值为：（0.602−0.305）÷0.254=1.167。

以此类推，从而计算出 4 个基因在各个不同样品下的归一化表达值，如表 4-5 所示。

表 4-5　4 个基因在 5 个样品下的归一化表达值

	sample1	sample2	sample3	sample4	sample5
GeneA	1.167	−0.017	0.939	−0.508	−1.581
GeneB	0.099	−0.399	1.649	−1.449	0.099
GeneC	−0.545	1.074	−0.939	−0.939	1.339
GeneD	−0.493	0.076	1.886	−0.493	−0.976

(3)估计基因间的相似性分值(similarity score)。

每对基因间的相似性分值计算方法是：首先对每对基因在每个样品下的值使用乘积，然后对其求和，最后除以总的样品个数（"5"），从而得到相似性分值，直到求出所有基因间的相似性分值。表 4-6 为 GeneA 和 GeneB 间的相似性分值，表 4-7 为所有基因间的相似性分值。

表 4-6　GeneA 和 GeneB 间的相似性分值

	GeneA	GeneB	product
sample1	1.167	0.099	0.116
sample2	−0.017	−0.399	0.007
sample3	0.939	1.649	1.548
sample4	−0.508	−1.449	0.736
sample5	−1.581	0.099	−0.157
sum			2.250
similarity score			0.450

（4）解释基因间的相似性值。

表 4-7　基因间的相似性分值

	GeneA	GeneB	GeneC	GeneD
GeneA	1	0.450	−0.633	0.597
GeneB	0.450	1	0.107	0.729
GeneC	−0.633	0.107	1	−0.453
GeneD	0.597	0.729	−0.453	1

基因间的相似性分值如表 4-7 所示，其相似性分值有正数、负数和 0。两个基因间的相似性分值为正数表明：两个基因表达具有相似性，当一个被诱导，另外一个也与之相同；分值为负数表明：两个基因的表达行使相反的功能，当一个被诱导，另外一个就被抑制；分值为 0 表明：两个基因之间的表达不具有相似性；分值为 1：表明两个基因的表达具有一致性。

五、对 DNA 微阵列数据进行聚类分析

在微阵列实验中产生了大量的数据，对这些数据直接进行处理是比较困难的。如何降低微阵列数据的维度就成为处理该类数据的关键。聚类就是按照基因芯片数据表达模式的相似性对其进行分组，它是 DNA 微阵列数据分析中用到的一种常用方法，并在挖掘这些信息中发挥重要的作用。在基因芯片数据分析中常用的聚类方法包括：层次聚类（hierarchical clustering）和 K 均值（K-means）聚类及自组织映射（self-organizing maps，SOM）等。

1. 层次聚类

在层次聚类中，具有相似表达模式的基因被聚在一起，并通过一系列枝叶，包括聚类树和树状图（dendrogram）进行连接。层次聚类由两个单独的步骤组成，即计算两个类之间的距离和计算两个类之间的相似性。在层次聚类分析中，通常使用以下三种方法进行。

（1）单连锁（single linkage）：又称作 nearest-neighbor，就是取两个集合中距离最近的两个点的距离作为这两个集合的距离。如图 4-9 所示。

（2）全连锁（complete linkage）：两个集合中距离最远的两个点的距离作为两个集合的距离。如图 4-10 所示。

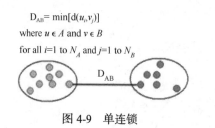

$D_{AB}= \min[d(u_i, v_j)]$
where $u \in A$ and $v \in B$
for all $i=1$ to N_A and $j=1$ to N_B

图 4-9　单连锁

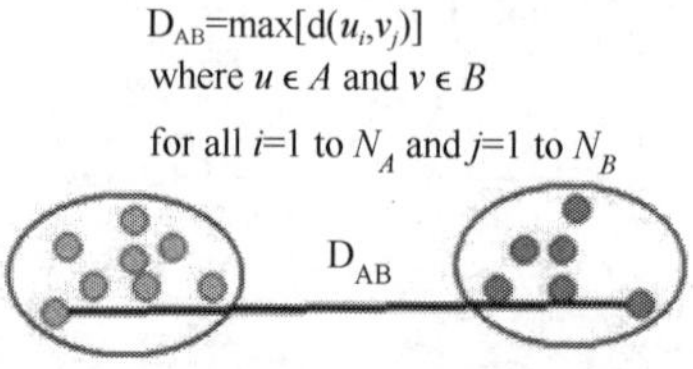

$D_{AB}= \max[d(u_i, v_j)]$
where $u \in A$ and $v \in B$
for all $i=1$ to N_A and $j=1$ to N_B

图 4-10　全连锁

(3)平均连锁(average linkage)：就是把两个集合中的点两两之间的距离全部放在一起，求其平均值，从而得到两个集合之间的一对合适的对点。如图 4-11 所示。

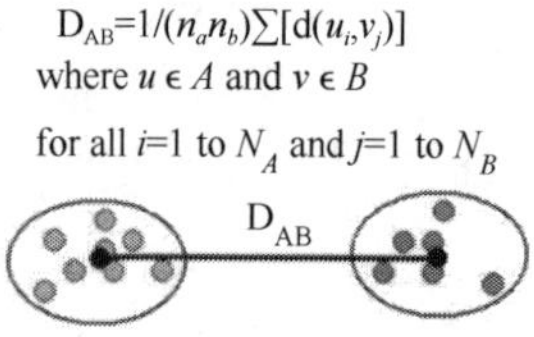

$D_{AB}=1/(n_a n_b)\sum[d(u_i, v_j)]$
where $u \in A$ and $v \in B$
for all $i=1$ to N_A and $j=1$ to N_B

图 4-11　平均连锁

在进行基因层次聚类中，通常选取平均连锁方法进行。

对于一个含有 N 个基因的集合进行聚类，将产生 $N×N$ 个距离(或相似)矩阵，层次聚类算法实现步骤如下。

(1)给每个基因分配到各自的类中。

(2)找到最邻近的两个类并合并成一个新类。

(3)在新类和旧类之间，使用单连锁、平均连锁和完全连锁等方法来计算它们之间的距离。

(4)重复执行步骤"(2)"和"(3)"，直到最后所有的基因被合并成一个类。

2. K 均值(K-means)聚类

K 均值聚类算法表示以空间中 k 个点为中心进行聚类，对最靠近它们的对象归类。算法实现的基本步骤如下。

(1)选择聚类的个数 k。

(2)任意产生 k 个聚类，然后确定聚类中心，或者直接生成 k 个中心。

(3)对每个点确定其聚类中心点。

(4)再计算其聚类新中心。

(5)重复以上步骤直到满足收敛要求(通常就是确定的中心点不再改变)。

该算法的最大优势在于简洁和快速。劣势在于对于一些结果并不能够满足需要，因为结果往往需要随机点的选择非常巧合。

六、自组织映射

自组织映射(self-organizing map，SOM)是一种使用非监督式学习来产生训练样本的输入空间的一个低维(通常是二维)离散化表示的人工神经网络。自组织映射通常被用来可视化和解释高通量数据。自组织映射与其他人工神经网络的不同之处在于它使用一个邻近函数来保持输入控件的拓扑性质。该方法将多维距离的特征空间以二维距离的形式映射到输出中，并采用递归来实现。

七、对 DNA 微阵列数据进行差异表达分析

差异表达分析，也称作标志物选择，就是在不同的显型中寻找差异表达的基因。GenePattern 软件通过信号与噪声的比值或 t 检验统计方法来评估差异表达。本节笔者使用 GenePattern 来对 DNA 微阵列数据进行差异表达基因筛选，然后进行聚类分析。

1. 启动 GenePattern 软件

GenePattern 软件的使用有两种方式，即客户端和服务器。可以通过网址 http：//www.broadinstitute.org/cancer/software/genepatter/进行下载和安装；也可以通过网址 http：//genepattern.broadinstitute.org/gp/pages/index.jsf 在线运行。本节使用后一种方式进行。打开网址后，需要用户名和密码，如果是第一次使用则需要申请，然后登录使用。登录之后的界面如图 4-12 所示。

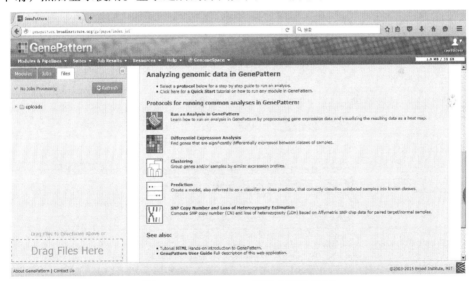

图 4-12　GenePattern 登录之后的界面

2. 微阵列表达数据的获取

分析使用的数据来源于 Golub 和 Slonim 等于 1999 发表在 *science report*

期刊上的关于白血病的两个亚型，即急性淋巴细胞白血病（ALL）和急性髓细胞白血病（AML）。该数据包括来自于恶性白血病患者的 38 个骨髓样品，其中 27 个来自于 ALL，11 个来自于 AML，文章通过使用聚类和预测算法来发现这两个亚型的差异表达基因。本节笔者使用文章中用到的部分数据进行，分别命名为 all_aml_train.res 和 all_aml_train.cls，这两种文件格式是 GenePattern 所能识别的。

3. 对 ALL 和 AML 两种亚型标志物进行差异表达分析

寻找 ALL 和 AML 两种亚型标志物，通过使用 GenePattern 的 "Comparative Marker Selection" 模块进行，运行如图 4-13 所示。

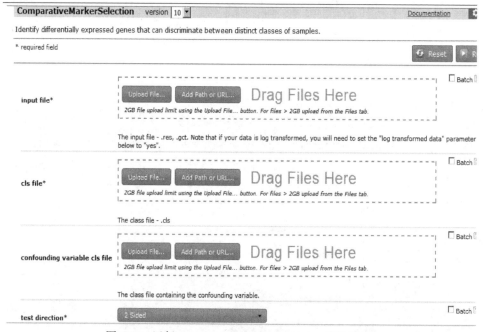

图 4-13　运行 Comparative Marker Selection 模块界面

从 "input file" 栏目中上传 all_aml_train.res 文件，从 "cls file" 栏目上传 all_aml_train.cls 文件，然后点击 "Click" 按钮。GenePattern 将发送分析进程到服务器端，并显示当前进程状态。经过 1～2 分钟之后，进程状态图标由 "🔄" 变为 "✔"。如图 4-14 所示。

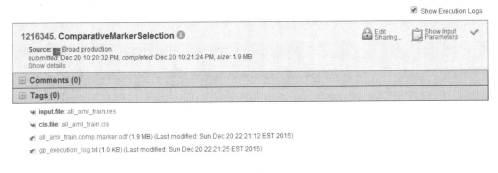

图 4-14 运行完 Comparative Marker Selection 模块的界面

接下来运行"ComparativeMarkerSelectionViewer"模块来检查分析结果。切换到"Jobs"栏目,点击上面产生的"all_aml_train.comp.marker.odf"结果文件。并从弹出的菜单中选择"ComparativeMarkerSelectionViewer",从而结果文件自动被设置到"comparative marker selection filename"参数栏目中。对于"dataset filename"参数栏目,选择"all_aml_train.re"文件。选中结果如图 4-15 所示。点击"Run"按钮来运行设置结果。

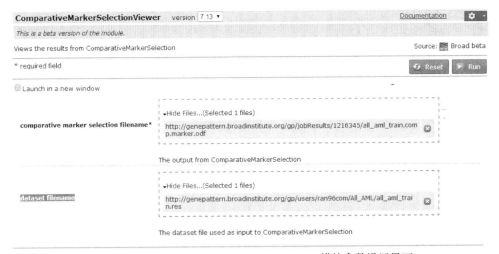

图 4-15 Comparative Marker Selection Viewer 模块参数设置界面

在"ComparativeMarkerSelectionViewer"模块中,"Score"列表明基因表达和显型的调控度量尺度。高分值 score 暗示和第一个显型(在 ALL 中上调)具有相关性,低分值 score 暗示和第二个显型(在 AML 中上调)具有相关性。中间列的"FDR"到"FWER",提供了不同的手段来衡量分值所代表的意义。分值越低,结果更具有意义。如图 4-16 所示,用户可以选择使用假发现率(false discovery rate,

FDR)，设置 FDR＜0.05，从而可以使用这个参数来关注最低和最高分值的 scores。

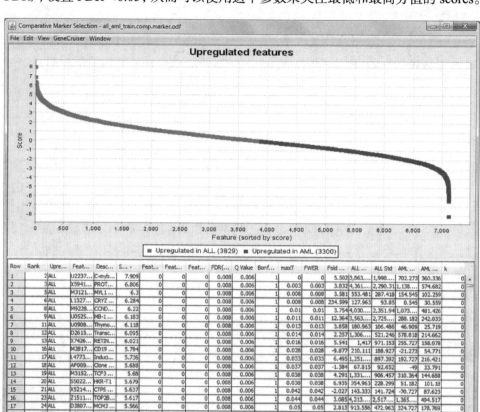

图 4-16　Comparative Marker Selection Viewer 运行结果界面

注：可以通过鼠标拖拉来改变列名宽度

　　最后通过运行"ExtractComparativeMarkerResults"模块来检查"Comparative-MarkerSelection"分析结果。切换到"Jobs"标签中，点击 all_aml_train.comp.marker.odf 文件，选择"ExtractComparativeMarkerResults"。出现参数选择项，如图 4-17 所示。"comparative marker selection filename parameter"自动被设置为文件 all_aml_train.comp.marker.odf。"dataset filename"选择文件 all_aml_train.res。"statistic"从下拉框中选择"Rank"，"max"设置为 200，然后点击"Run"按钮来运行。运行结果如图 4-18 所示。

ExtractComparativeMarkerResults version 4 ▼　　　　　　　　　Documentation ⚙ ▼

Creates a derived dataset and feature list file from the results of ComparativeMarkerSelection

* required field　　　　　　　　　　　　　　　　　　　　　🔄 Reset ▶ Run

☐ Batch ⚐

comparative marker selection filename*　　▼Hide Files...(Selected 1 files)
http://genepattern.broadinstitute.org/gp/jobResults/1216345/all_aml_train.comp.marker ⊗
.odf

The results from ComparativeMarkerSelection - .odf

☐ Batch ⚐

dataset filename*　　▼Hide Files...(Selected 1 files)
http://genepattern.broadinstitute.org/gp/users/ran96com/All_AML/all_aml_train.res ⊗

The dataset file used to select markers - .gct, .res, Dataset

☐ Batch ⚐

statistic　　Rank ▼

The statistic to filter features on

☐ Batch ⚐

min

Select features with statistic >= min

☐ Batch ⚐

max　　100

Select features with statistic <= max

图 4-17　Extract Comparative Marker Results 参数选择界面

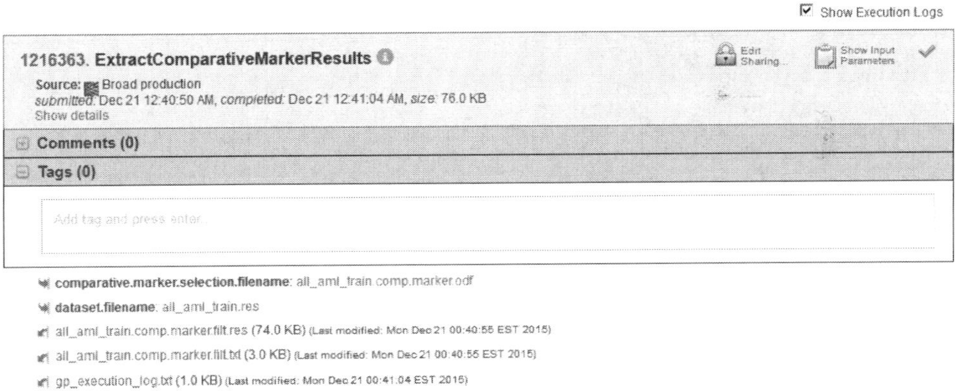

☑ Show Execution Logs

1216363. ExtractComparativeMarkerResults ⓘ　　　　🔒 Edit Sharing　📋 Show Input Parameters ✓
Source: Broad production
submitted: Dec 21 12:40:50 AM, *completed:* Dec 21 12:41:04 AM, *size:* 76.0 KB
Show details

⊟ **Comments (0)**
⊟ **Tags (0)**

Add tag and press enter...

🌱 **comparative.marker.selection.filename:** all_aml_train.comp.marker.odf
🌱 **dataset.filename:** all_aml_train.res
📄 all_aml_train.comp.marker.filt.res (74.0 KB) (Last modified: Mon Dec 21 00:40:55 EST 2015)
📄 all_aml_train.comp.marker.filt.txt (3.0 KB) (Last modified: Mon Dec 21 00:40:55 EST 2015)
📄 gp_execution_log.txt (1.0 KB) (Last modified: Mon Dec 21 00:41:04 EST 2015)

图 4-18　Extract Comparative Marker Results 运行结果界面

最后通过 Heat MapViewer 模块来浏览基因差异表达结果。Heat Map Viewer 使用一种颜色编码的热图来显示基因表达值。最大的表达值使用"红色"来显示，最小值使用"蓝色"来显示。中间过渡值使用不同形状的"红色"和"蓝色"来显示。这种带有颜色编码的热图提供了一种快速浏览基因表达水平的途径。在"ExtractComparativeMarkerResults"分析结果文件中，选择 all_aml_train.comp.marker.filt.res 文件，并将其发送到"HeatMapViewer"模块中。然后点击"Run"

按钮来运行。在显示出的图片顶部菜单中，依次点击"View"和"View Options"选项来调整图片的行和列的显示大小，直到满足显示要求。最后显示的基因差异表达热图如图 4-19 所示。

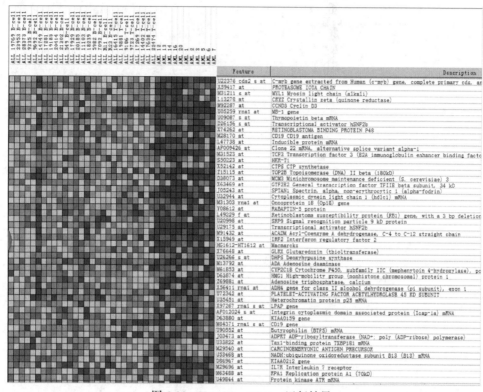

图 4-19　Heat Map Viewer 运行结果

八、DNA 微阵列数据分析相关工具

1. Affymetrix expression

Console（http：//www.affymetrix.com）。

对表达微阵列数据进行最小程度分析。

2. Affymetrix genotyping

Console（http：//www.affymetrix.com）。

使用 SNP6.0 阵列数据进行基因型分析，拷贝数变异和异质性损失分析。

3. Function express

Http：//bioinformatics.wustl.edu。进行统计和通路分析工具。

4. Excel

Http：//www.microsoft.com。进行基本的表达阵列数据分析，包括倍数改变、基本统计等。

5. GenePattern

Http：//genepattern.broadinstitute.org/gp/pages/index.jsf。对所有微阵列数据进行分析的工具，包括在线和本地运行两种方式。

6. dChip

Http：//biosun1.harvard.edu/complab/dchip/。对基于所有微阵列数据进行分析。

7. SAM

Http：//www-stat.stanford.edu/～tibs/SAM/。微阵列显著性分析（significance analysis of microarrays，SAM）算法，对基因组表达数据挖掘进行监督学习软件。

8. PAM

Http：//www-stat.stanford.edu/～tibs/PAM/。微阵列预测分析（prediction analysis for microarrays，PAM）工具，对基因组表达数据进行类预测和生存分析。

9. BioConductor

Http：//www.bioconductor.org/。提供对高通量基因组数据进行全面分析工具。BioConductor 使用开源和开放的 R 统计语言进行。

10. BRB-ArrayTools

Http：//linus.nci.nih.gov/BRB-ArrayTools.html。对 DNA 微阵列基因表达数据进行可视化和统计分析的一个集成分析包。该工具使用 excel 作为前端输入数据工具，使用两个工作表进行数据输入：一个工作表用来描述基因表达值，另一个工作表供用户用来指定样品阵列显型数据，并在 excel 中集成分析和可视化统计工具。

11. GenMAPP

Http：//www.genmapp.org/introduction.html。GenMAPP 是一个免费的计算机

应用程序，设计用来进行可视化基因表达和其他基因组数据，从而用来映射并可视化生物通路和基因分组。

12. MultiExperiment Viewer（MeV）

一个用来对大规模基因表达数据进行分析的开源软件。

（冉隆科　汪克建　张帆涛）

参 考 文 献

Benjamini Y, Hochberg Y. 1995.Controlling the false discovery rate：a practical and powerful approach to multiple testing. Journal of the Royal Statistical Society，57(1)：289-300.

Chen Y, Dougherty ER, Bittner ML.1997. Ratio-based decisions and the quantitative analysis of cDNA microarray images. Journal of Biomedical Optics，2(4)：364-374.

Gershon D.2006. DNA microarrays：more than gene expression. Nature，437(7062)：1195-1198.

Golub TR, Slonim DK, Tamayo P, et al. 1999. Molecular classification of cancer：class discovery and class predication by gene expression monitoring. Science，286(5439)：531-537.

Kohonen T. 1988.Learning vector quantization. Neural Networks，1(suppl. 1)：303.

Kohonen T. 1995.Self-organizing maps. Berlin：Springer.

Kuo W, Jenssen T, Butte A, et al. 2002. Analysis of matched mRNA measurements from two different microarray technologies.Bioinformatics，18(3)：405-412.

Reich M, Liefeld T, Gould J, et al.2006.GenePattern 2.0 .Nature Genetics，38(5)：500-501.

Tuimala J, Laine MM. 2005. DNA microarray data analysis. 2nd Edition. Espoo：CPC.

Yang YH, Sandrine D, Percy L, et al.2002.Normalization for cDNA microarray data：a robust composite method addressing single and multiple slide systematic variation. Nucleic Acids Research，30(4)：e15.

第五章　RNA-seq 分析

第一节　引　　言

当前研究转录组的方法依赖于微阵列和测序方法，它们需要合成互补 DNA，之后再进行多种操作，这样会引入偏误和潜在的人为结果。随着新一代高通量 DNA 测序技术的快速发展，RNA 测序（RNA-seq）已成为基因表达和转录组分析新的重要手段，并且随着 RNA 的重要性逐渐被人们所认识，研究人员也开发出多种方法来研究它。RNA 测序是一种鉴定并且定量解析样品中所有 RNA 的重要工具，目前 RNA-seq 可以对 total RNA 样品中所有种类的转录本进行测序和表达谱分析，因此对 RNA 进行测序一直以来都被认为是一种发现基因的有效方法，而且还是对编码基因及非编码基因进行注释的金标准。

目前对 RNA-seq 的分析具体如下所述。

第二节　分　析　流　程

本节的目的是对基于 RNA-seq 数据的斑马鱼（Danio_rerio）进行差异表达分析，并对结果进行可视化。由浅入深，大体分为四部分：第一部分，使用 Tophat 将 RNA-seq 数据比对到斑马鱼基因组上；第二部分使用 Cufflinks 执行转录组重建；第三部分使用 Cuffmerge 来合并多个；第四部分使用 Cuffdiff，在两个不同的条件下进行差异表达分析，从而识别出差异表达的基因。大致流程如图 5-1 所示。

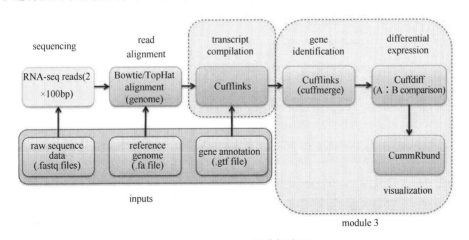

图 5-1　RNA-seq 的分析流程

一、数 据 准 备

本部分所使用的数据来源于在两个不同发育阶段的斑马鱼(Danio rerio)胚胎组织进行的 mRNA 测序。测序基于 Illumina 平台进行,通过使用带 polyA 的 RNA,产生 75bp 的双端(paired-end)测序数据。考虑到时间关系,本教程中笔者仅使用斑马鱼的 12 号染色体基因组序列和 12 号染色体的基因注释文件进行分析,以加快运行速度。主要的文件如下。

(1)2cells_1.fastq 和 2cells_2.fastq:基于 2 细胞的斑马鱼胚胎 RNA-seq 测序数据。

(2)6h_1.fastq and 6h_2.fastq:经过 6 小时培育后的斑马鱼胚胎 RNA-seq 测序数据。

(3)Danio_rerio.Zv9.66_chr12.fa:斑马鱼基因组 12 号染色体序列。

(4)Danio_rerio.Zv9.66_chr12.gtf:斑马鱼基因 gtf 注释文件。

二、软 件 准 备

1. Tophat2(v2.0.12)

短读段映射。

http://ccb.jhu.edu/software/tophat/。

2. Bowtie2(v2.2.3)

一个超快的短读段比对工具。

http://sourceforge.net/projects/bowtie-bio/files/bowtie2/2.2.0/。

3. Cufflinks(v2.0.0)

转录组装配。

http://cufflinks.cbcb.umd.edu/downloads。

4. CummeRbund

R 的 bioconductor 包进行差异表达可视化分析。

http://compbio.mit.edu/cummeRbund/。

5. Samtools（v0.1.18）

读段分析工具。

http：//samtools.sourceforge.net/。

三、RNA-seq 分析过程

在分析之前，在当前工作目录下建立三个文件夹及相应的文件，文件结构如下所示。annotation 文件夹存放斑马鱼基因组 12 号染色体的基因注释文件；genome 文件夹存放斑马鱼的基因组序列文件及其相应索引文件；data 文件夹存放斑马鱼在两种不同条件下测序的 RNA-seq 数据，每个条件下只有一个样品，没有重复。

annotation

---------- Dr.Zv9.66_chr12.gtf

Danio_rerio.Zv9.66.spliceSites

genome

---------- Dr.Zv9.66.1.bt2

Dr.Zv9.66.2.bt2

Dr.Zv9.66.3.bt2

Dr.Zv9.66.4.bt2

Dr.Zv9.66.rev.1.bt2

Dr.Zv9.66.rev.2.bt2

Dr.Zv9.66.fa

data

---------- 2cells_1.fastq

2cells_2.fastq

6h_1.fastq

6h_2.fastq

1. 构建斑马鱼 12 号染色体基因组序列索引文件

斑马鱼参考组索引的构建基本用法如下：bowtie2-build ＜genome fasta file＞ ＜index name＞。

在该教程中，在终端执行命令：

```
% bowtie2-build Dr.Zv9.66.fa Dr.Zv9.66
```

执行以上语句之后，则在当前目录下产生以下几个文件：

```
Dr.Zv9.66.1.bt2
Dr.Zv9.66.2.bt2
Dr.Zv9.66.3.bt2
Dr.Zv9.66.4.bt2
Dr.Zv9.66.rev.1.bt2
Dr.Zv9.66.rev.2.bt2
```

2. 比对

比对(alignment)的目的是将大量的短读段序列映射到物种的参考序列上去。有许多的工具可以执行短读段的映射，当然映射工具的选择应该依据需要分析或需求进行仔细的决定。该教程笔者使用 Tophat2 进行短读段的映射。Tophat2 是一个超快的，执行可变剪接比对的映射工具。步骤如下所述。

使用 tophat2 进行短读段映射用法如下：tophat2 [options] ＜index_base＞ ＜reads_1＞ ＜reads_2＞。

首先对基于 2 细胞分裂条件下的斑马鱼胚胎 RNA-seq 测序数据进行映射，在 Linux 终端输入以下命令：

```
% tophat2    -p 4 --solexa-quals \
                    --library-type fr-unstranded \
-G annotation/Dr.Zv9.66_chr12.gtf \
-o tophat/ZV9_2cells \
genome/Dr.Zv9.66 \
data/2cells_1.fastq data/2cells_2.fastq
```

参数说明如下。

(1)-p：表示使用 CPU 的线程数，取 4。

(2)--solexa-quals：测序数据平台使用 Solexa 的碱基质量格式。

(3)--library-type：tophat 处理的 reads 具有链特异性。比对结果中将会有个 XS 标签。一般 Illumina 数据的 library-type 为 fr-unstranded。

(4)-o：指定输出的文件夹路径，这里是 ZV9_2cells。

(5)Dr.Zv9.66 为参考基因组的索引文件前缀。

(6)2cells_1.fastq 和 2cells_2.fastq 是 2 细胞分裂的双端测序数据。

按照同样方法，对经过 6 小时培育后的斑马鱼胚胎 RNA-seq 测序数据进行映射，在 Linux 终端输入以下命令：

```
% tophat2    -p 4 --solexa-quals \
```

```
        --library-type fr-unstranded \
    -G annotation/Dr.Zv9.66_chr12.gtf \
        -o tophat/ZV9_6h \
        genome/Dr.Zv9.66 \
        data/6h_1.fastq data/6h_2.fastq
```

命令解释说明同上。执行以上命令后，会在 tophat 目录下生成 ZV9_2cells 和 ZV9_6 两个目录，里面会产生 accepted_hits.bam 文件，该文件在下一步骤中需要用到。

3. 转录组重建

有许多工具可以执行转录组重建，该案例使用 Cufflinks 进行转录组重建。Cufflinks 重建分为：依据参考注释和无参考注释进行两种。当然，可以使用 FPKM 来量化 isoform 表达。

在 Linux 环境下，如果已经安装了 Cufflinks，则在命令行输入 Cufflinks 来查看详细使用参数说明。

笔者的目标是使用提供的两个斑马鱼样品数据，使用 Ensembl 注释文件来重建转录组。在该情形下，Cufflinks 将报告在注释文件中包括的已知 isoforms；如没有注释文件，则 Cufflinks 将报告为新的 isoforms。

出于速度的考虑，笔者仍然使用斑马鱼 12 号染色体的注释文件进行组装。Cufflinks 的通用用法如下：cufflinks [options]* ＜aligned_reads.(sam/bam)＞。

在该案例中，在终端执行的 cufflinks 命令如下。

首先对基于 2 细胞的斑马鱼胚胎 RNA-seq 测序数据进行映射，在 Linux 终端输入以下命令：

```
% cufflinks    -p 4 -o cufflinks/ZV9_2cells \
              -g annotation/Dr.Zv9.66_chr12.gtf \
        -b genome/ Dr.Zv9.66.fa   \
              -u \
              --library-type fr-unstranded \
               tophat/ZV9_2cells/accepted_hits.bam
```

接着对经过 6 小时培育后的斑马鱼胚胎 RNA-seq 测序数据进行组装，在 Linux 终端输入以下命令：

```
% cufflinks    -p 4 -o cufflinks/ZV9_6h \
              -g annotation/Dr.Zv9.66_chr12.gtf \
        -b genome/Dr.Zv9.66.fa    \
```

```
        -u \
        --library-type fr-unstranded \
        tophat/ZV9_6h/accepted_hits.bam
```

以上参数的说明如下。

(1)-g：提供 GFF 格式的基因注释文件，以此来指导转录子组装。此时，输出结果会包含有参考转录本、新基因及 isforms。

(2)-b：提供一个 fasta 文件来指导 Cufflinks 运行新的偏见检测和校正算法，从而能明显提高转录子丰度计算的精确性。这里接斑马鱼的参考基因组序列文件 Dr.Zv9.66.fa。

(3)-u：让 Cufflinks 来做初始评估步骤，从而更精确衡量比对到基因组中多个位点的读段(reads)。

(4)其他相同的参数同上。

执行以上命令后，会在输出目录下生成以下几个文件：

```
genes.fpkm_tracking              isoforms.fpkm_tracking
skipped.gtf                      transcripts.gtf
```

主要的几个文件解释如下。

(1)genes.fpkm_tracking：该文件包含估计出的基因水平的表达值 FPKM 等信息。

(2)isoforms.fpkm_tracking：该文件里面包括估计出的 isoform 水平的表达值，同样以 FPKM 来衡量。

(3)transcripts.gtf：该文件为 Cufflinks 组装后的 isoforms。

注意：在使用 Cuffdiff 的时候，2.0.1 及之后的版本中，无重复的 RNA-seq 样品做比较时，结果中不会出现差异表达基因。解决办法是使用 2.0.0 及以前的版本。

4. 合并装配后的转录本文件

通过 Cufflinks 装配后的转录本，产生两个文件，使用 Cuffmerge 将其合并为一个文件。

(1)将 Cufflinks 在斑马鱼 2 细胞和 6 小时条件下产生的 gtf 文件，写入到一个统一的文件 assemblies.txt 中，在终端输入命令：

```
$ echo cufflinks/ZV9_2cells/transcript.gtf
$ echo cufflinks/ZV9_6h/transcript.gtf
```

使用 cat 命令核对 assemblies.txt 的文件内容：

```
$ cat assemblies.txt
cufflinks/ZV9_2cells/transcripts.gtf
```

cufflinks/ZV9_6h/transcripts.gtf

(2)使用 Cuffmerge 合并转录本。

```
$   cuffmerge      -p 4 \
-g annotation/Dr.Zv9.66_chr12.gtf \
-s genome/ZV9.fa    assemblies.txt
```

执行以上命令后,会在当前目录 merged_asm 下产生合并后的转录该文件 merged.gtf 和 soforms.fpkm_tracking。

5. 识别新的转录本

使用 Cuffmerge 合并后的 merged.gtf 文件,提供了合并后的转录本集合。文件里面的每行包括一个注释字段("class_code"),该字段用来描述该转录本与已知参考注释文件转录本的重叠情况。class_code 描述如表 5-1 所示。

表 5-1 class_code 字段具体描述

class_code 字段	具体描述
=	match
c	contained
j	new isoform
e	a single exon transcript overlapping a reference exon and at least 10 bp of a reference intron, indicating a possible pre-mRNA fragment
i	a single exon transcript falling entirely with a reference intron
r	repeat, currently determined by looking at the reference sequence and applied to transcripts where at least 50% of the bases are lower case
p	possible polymerase run-on fragment
u	unknown, intergenic transcript
o	unkown, generic overlap with reference
.	tracking file only, indicates multiple classifications

从表 5-1 可知,merged.gtf 文件中 class_code 字段为"c","i","j","u",或"o"符合的表明是新的转录本或潜在的感兴趣转录本。经过统计,为"j"的有 5215 个,为"o"的有 44 个,其他的为 0。所以通过 class_code 识别出的新转录本一共有 5259 个转录本。

6. 差异表达分析

Cuffdiff 是 RNA-seq 分析中用来进行差异表达分析的一个重要工具。使用 Cufflinks 可以用来比较在两个不同的条件下,比如对照组和疾病之间,野生型和突变型之间,以及各种不同的发展阶段。在该例程中,笔者使用 Cufflinks 用来识别斑马鱼两个不同的发育阶段下(2 细胞发育阶段和经过 6 小时发育后)的差异表达基因。

在终端执行以下命令：

```
cuffdiff      -p 4 -o cuffdiff \
              -L ZV9_2cells，ZV9_6h \
              -T \
              -b genome/ZV9.fa \
              -u merged_asm/merged.gtf \
              --library-type fr-unstranded \
              tophat/ZV9_2cells/accepted_hits.bam \
              tophat/ZV9_6h/accepted_hits.bam
```

参数说明如下。

(1)-L：表示不同的样品条件，每个条件之间通过逗号进行分隔。

(2)-T：表明来自不同时间序列条件下产生的样品。

(3)-b：表明 Cufflinks 运行一个偏见检测和校验算法，以便能明显地提高转录本丰度估计的精确性，后接参考基因组序列文件。

(4)-u：告诉 Cufflinks 要做一个初始的估计过程，以便更加精确量化映射到基因组上多个位置的读段。

(5)其他参数的含义同上。

7. 使用 cummeRbund 包进行差异表达分析

该部分对 Cuffdiff 生成的结果目录 diff_out 使用 cummeRbund 包进行差异表达分析。具体步骤如下。

(1)在 Linux 命令行下运行 R 语言，在提示符下输入 R。

```
% R
```

(2)加载 cummeRbund 库到 R 中。

```
> library(cummeRbund)
```

(3)导入 cuffdiff 结果文件夹 diff_out。

```
> cuff=readCufflinks('diff_out')
```

(4)检查重建后的转录本的表达值分布情况。

```
> csDensity(genes(cuff))
```

结果如图 5-2 所示。

(5)使用散点图检查转录表达值。

```
> csScatter(genes(cuff)，'ZV9_2cells'，'ZV9_6h')
```

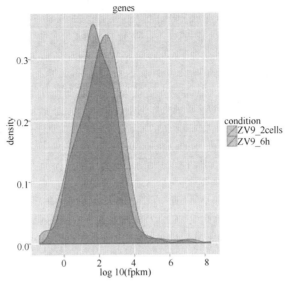

图 5-2　重建后的转录本的表达值分布情况

结果如图 5-3 所示。

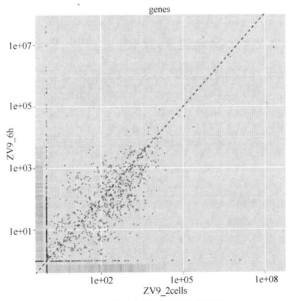

图 5-3　散点图检查转录表达值

(6)检查单个的密度和与之配对的散点图。结果如图 5-4 所示。

```
＞csScatterMatrix(genes(cuff))
```

(7)使用火山图识别显著表达的差异基因。结果如图 5-5 所示。

```
＞csVolcanoMatrix(genes(cuff)，'ZV9_2cells'，'ZV9_6h')
```

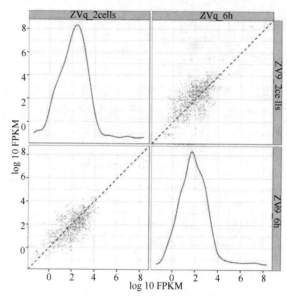

图 5-4　检查单个的密度和与之配对的散点图

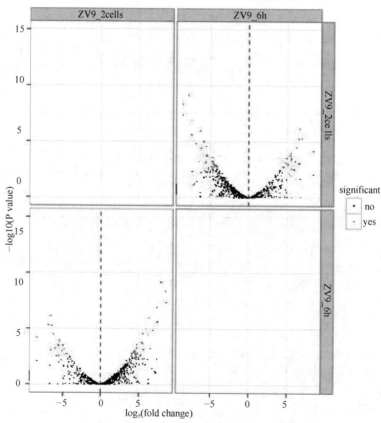

图 5-5　使用火山图识别显著表达的差异基因

(8)统计显著差异表达的基因。

取回基因水平的表达数据，输入命令：

> gene_diff_data=diffData(genes(cuff))

统计总的表达基因数，输入命令：

> nrow(gene_diff_data)

[1] 1192

提取显著差异表达的基因数，输入命令：

> sig_gene_data=subset(gene_diff_data, (significant=='yes'))

> nrow(sig_gene_data))

[1] 49

输出显著差异表达的基因到文件中，输入命令：

> write.table(sig_gene_data, 'sig_diff_genes.txt', sep='\t', row.names
=FALSE, quote=F)

该案例中筛选出的前 49 个最显著的差异表达基因如表 5-2 所示。

表 5-2 筛选出斑马鱼在两种条件下的最显著的前 49 个差异表达基因

gene_id	gene	locus	sample_1	sample_2	value1	value2	log2_fold_change	p_value	q_value	significant
XLOC_000018	ABCC3	12: 922360-985193	ZV9_2cells	ZV9_6h	2.90999	282.84	6.60283	0.000834	0.0213226	yes
XLOC_000036	ARHGAP22 (2 of 2)	12: 2711673-2761051	ZV9_2cells	ZV9_6h	0.535468	18.4354	5.10554	0.001038	0.0249196	yes
XLOC_000040	BX000477.2	12: 2994596-3062179	ZV9_2cells	ZV9_6h	3.64074	1268.66	8.44486	6.53E-05	0.00324	yes
XLOC_000126	FAM117A (2 of 2)	12: 10824210-10850807	ZV9_2cells	ZV9_6h	1190.48	61.804	−4.2677	0.001469	0.0303567	yes
XLOC_000131	psmc5	12: 11242670-11254577	ZV9_2cells	ZV9_6h	42.674	1350.37	4.98386	0.000314	0.0107092	yes
XLOC_000137	raraa	12: 12186819-12263281	ZV9_2cells	ZV9_6h	10.3946	294.905	4.82635	0.000735	0.0195189	yes
XLOC_000143	PATL2	12: 14198022-14211632	ZV9_2cells	ZV9_6h	792.815	32.9124	−4.59028	0.00086	0.0213226	yes

续表

gene_ id	gene	locus	sample_1	sample_2	value1	value2	log2_fold_ change	p_value	q_value	signifi- cant
XLO C_00 0150	rnasen	12：14450939-14495828	ZV9_2cells	ZV9_6h	3477.92	43.1517	−6.33266	1.09E-06	0.0001349	yes
XLO C_00 0177	kif20bb	12：17524028-17550721	ZV9_2cells	ZV9_6h	12.3482	581.097	5.5564	0.002754	0.0445499	yes
XLO C_00 0192	pms2	12：18671076-18687073	ZV9_2cells	ZV9_6h	1120.53	6.59871	−7.40778	1.21E-07	2.25E-05	yes
XLO C_00 0200	noxo1b	12：19471691-19480386	ZV9_2cells	ZV9_6h	64.8526	2.4534	−4.72431	0.002269	0.0392573	yes
XLO C_00 0229	RSL1D1	12：20480933-20490249	ZV9_2cells	ZV9_6h	34.3455	3193.73	6.53897	5.64E-06	0.000466	yes
XLO C_00 0232	SNX29	12：20504976-20755537	ZV9_2cells	ZV9_6h	1765.21	103.905	−4.0865	0.001698	0.0323875	yes
XLO C_00 0234	ercc4	12：21055318-21070814	ZV9_2cells	ZV9_6h	2016.96	43.8604	−5.52312	2.66E-05	0.0016493	yes
XLO C_00 0250	MXRA7	12：22019862-22030534	ZV9_2cells	ZV9_6h	392.593	23.1022	−4.08693	0.002903	0.0459541	yes
XLO C_00 0267	cdca9	12：24023395-24027753	ZV9_2cells	ZV9_6h	1906.82	44.8692	−5.4093	0.00016	0.0068285	yes
XLO C_00 0272	bambia	12：24846548-24852797	ZV9_2cells	ZV9_6h	49.7926	4898.04	6.62013	7.02E-07	0.0001045	yes
XLO C_00 0291	six3b	12：27128336-27130993	ZV9_2cells	ZV9_6h	2.11341	97.1899	5.52316	0.000394	0.0127369	yes
XLO C_00 0317	DUSP3 (1 of 2)	12：28857040-28879625	ZV9_2cells	ZV9_6h	108.6	4.89666	−4.47109	0.001321	0.0280803	yes
XLO C_00 0346	AFAP1L2	12：31810126-31884106	ZV9_2cells	ZV9_6h	5.09532	243.533	5.5788	0.000317	0.0107092	yes
XLO C_00 0363	GPAM	12：33181861-33221664	ZV9_2cells	ZV9_6h	310.58	4.14823	−6.22632	3.72E-05	0.0019759	yes

续表

gene_id	gene	locus	sample_1	sample_2	value1	value2	log2_fold_change	p_value	q_value	signifi-cant
XLOC_000367	RNF157	12：33416598-33455092	ZV9_2cells	ZV9_6h	4.24088	92.2968	4.44385	0.001858	0.0337072	yes
XLOC_000397	–	12：36471186-36478524	ZV9_2cells	ZV9_6h	321.519	14.7445	−4.44666	0.001203	0.0263332	yes
XLOC_000423	cox10	12：38429326-38498369	ZV9_2cells	ZV9_6h	8.42942	195.708	4.53712	0.001756	0.0326701	yes
XLOC_000432	kif19	12：40259448-40349130	ZV9_2cells	ZV9_6h	446.302	3.76053	−6.89094	1.48E-05	0.0009988	yes
XLOC_000480	OAT	12：48061824-48087223	ZV9_2cells	ZV9_6h	227.515	6.03388	−5.23673	0.002232	0.0392573	yes
XLOC_000505	ENSDARG00000076477	12：50215339-50235352	ZV9_2cells	ZV9_6h	89.9187	3.86012	−4.54191	0.001661	0.0323875	yes
XLOC_000526	–	12：295321-298933	ZV9_2cells	ZV9_6h	6.15781	261.391	5.40765	0.000165	0.0068285	yes
XLOC_000527	CU611036.2	12：307161-310244	ZV9_2cells	ZV9_6h	443.285	17.7038	−4.6461	0.002434	0.0411512	yes
XLOC_000587	CR925768.1	12：2978981-2980247	ZV9_2cells	ZV9_6h	6.08224	458.531	6.23627	3.16E-05	0.0018111	yes
XLOC_000648	CD79B	12：5949933-5957014	ZV9_2cells	ZV9_6h	35.5951	0.390807	−6.50908	0.000631	0.0180629	yes
XLOC_000667	5S_rRNA	12：8187045-8244868	ZV9_2cells	ZV9_6h	145.715	0.378614	−8.58821	4.36E-08	1.08E-05	yes
XLOC_000668	slc16a9b	12：8248792-8266826	ZV9_2cells	ZV9_6h	5.33017	359.076	6.07396	0.000584	0.0173657	yes
XLOC_000669	ccdc6b	12：8268061-8299277	ZV9_2cells	ZV9_6h	1845.34	37.8587	−5.60712	0.000717	0.0195189	yes
XLOC_000726	–	12：15244401-15249576	ZV9_2cells	ZV9_6h	7658.99	32.1062	−7.89816	6.68E-10	4.97E-07	yes

续表

gene_id	gene	locus	sample_1	sample_2	value1	value2	log2_fold_change	*p*_value	*q*_value	significant
XLOC_000774	pgp	12：19591517-19594799	ZV9_2cells	ZV9_6h	2029.75	5.40405	−8.55304	4.40E-09	1.64E-06	yes
XLOC_000823	chac2	12：25566104-25570463	ZV9_2cells	ZV9_6h	182.459	4.00803	−5.50854	0.000212	0.0083043	yes
XLOC_000831	KCNG3	12：26736693-26745148	ZV9_2cells	ZV9_6h	244.453	6.557	−5.22038	0.003048	0.0462774	yes
XLOC_000884	entpd1	12：32387906-32441864	ZV9_2cells	ZV9_6h	12.129	716.859	5.88515	0.003012	0.0462774	yes
XLOC_000893	NAT9	12：33476481-33482030	ZV9_2cells	ZV9_6h	4.90805	600.649	6.93523	4.79E-06	0.0004451	yes
XLOC_000909	slc16a3	12：34845159-34854562	ZV9_2cells	ZV9_6h	22387.1	858.829	−4.70415	0.00026	0.0096618	yes
XLOC_000920	timp2a	12：35487182-35531581	ZV9_2cells	ZV9_6h	102.357	0.585188	−7.4505	2.45E-06	0.0002605	yes
XLOC_000936	CDRT1	12：37124571-37135126	ZV9_2cells	ZV9_6h	294.849	13.0441	−4.49851	0.001197	0.0263332	yes
XLOC_001006	−	12：48268899-48271082	ZV9_2cells	ZV9_6h	1678.54	94.6269	−4.14881	0.002754	0.0445499	yes
XLOC_001007	fmn2b	12：48613995-48709078	ZV9_2cells	ZV9_6h	3564.19	121.075	−4.8796	0.001693	0.0323875	yes
XLOC_001026	DNAJB12 (1 of 3)	12：49638096-49668131	ZV9_2cells	ZV9_6h	3605.26	165.337	−4.44662	0.001119	0.0260166	yes
XLOC_001105	−	12：23910036-23915144	ZV9_2cells	ZV9_6h	4.58173	203.835	5.47537	0.000112	0.0052005	yes
XLOC_001147	−	12：41404290-41404382	ZV9_2cells	ZV9_6h	2.11E+08	7.95E+06	−4.73128	0.000578	0.0173657	yes
XLOC_001167	−	12：48741764-48742508	ZV9_2cells	ZV9_6h	10728.2	179.837	−5.89858	9.95E-06	0.0007403	yes

(9)对显著差异表达的基因 XLOC_000774，作在两种条件下的表达值图。

XLOC_000774 =getGene（cuff，'XLOC_000774'）
＞expressionBarplot（XLOC_000774，logMode=T，showErrorbars=F）

结果如图 5-6 所示。

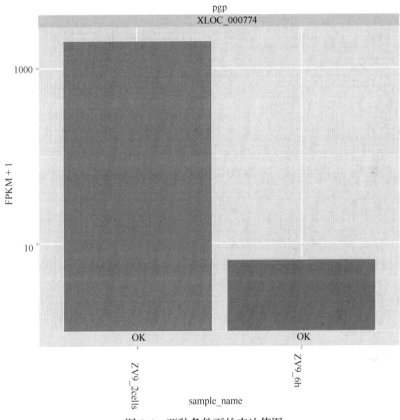

图 5-6　两种条件下的表达值图

从基因 XLOC_00077 的表达量图来看，在 ZV9_2cells 条件下的表达显著高于在 ZV9_6h 条件的表达量。

(10)画出差异表达的基因的 heatmap 图。

＞sig_genes=getGenes（cuff，sig_gene_data$gene_id）
＞csHeatmap（sig_genes，cluster='both'）

差异表达基因的 heatmap 图如图 5-7 所示。

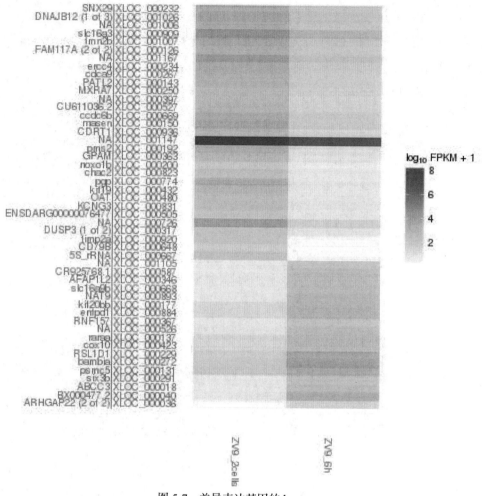

图 5-7　差异表达基因的 heatmap

（冉隆科）

参 考 文 献

Cole Trapnell, Adam Roberts, Loyal Goff, et al. 2012. Differential gene and transcript expression analysis of RNA-seq experiments with TopHat and Cufflinks. Nature Protocols, 7(3)：562-578.

Cole Trapnell, Brian A Williams, Geo Pertea, et al. 2010.Transcript assembly and quantification by RNA-Seq reveals unannotated transcripts and isoform switching during cell differentiation. Nature Biotechnology, 28(28)：511-515.

Cole Trapnell, Lior Pachter, Steven L, et al. 2010. TopHat：discovering splice junctions with RNA-Seq. Bioinformatics, 25(9)：1105-1111.

Langmead B, Trapnell C, Pop M.et al. 2009.Ultrafast and memory-efficient alignment of short DNA sequences to the human genome. Genome Biol, 10(3): R25.

Li H, Handsaker B, Wysoker A, et al. 2009.The Sequence alignment/map(SAM)format and SAMtools. Bioinformatics, 25: 2078-2079.

Roberts A, Pimentel H, Trapnell C, et al. 2011. Identification of novel transcripts in annotated genomes using RNA-Seq.Bioinformatics, 27(17): 2325-2329.

Roberts A, Trapnell C, Donaghey J, et al. 2011.Improving RNA-Seq expression estimates by correcting for fragment bias. Genome Biol, 12(3): 81-89.

Trapnell C, Pachter L, Salzberg SL. 2009.TopHat: discovering splice junctions with RNA-Seq. Bioinformatics, 25: 1105–1111.

Trapnell C, Williams BA, Pertea G, et al.2010.Transcript assembly and quantification by RNASeq reveals unannotated transcripts and isoform switching during cell differentiation. Nat. Biotechnol, 28(28): 511-515.

第六章　蛋白质结构预测

第一节　概　　论

生物体内基因的生理功能都是基于蛋白质的形式表达，基因的表达是将 DNA 上的遗传信息传递给 mRNA，后经翻译将其传递给蛋白质，如此，基因规定了组成蛋白质的氨基酸序列。基因作为生命遗传的基本单位，由大量碱基对组成基因组，基因组规定着构成该生物体的蛋白质。蛋白质由氨基酸的线性序列组成，当它们折叠成特定的空间构象就能具有相应的活性和生物学功能，换言之，蛋白质的三维空间结构对其功能起决定作用，现代生物学中，了解蛋白质的空间结构对了解并利用蛋白质的功能和作用机制有着非常重要的意义。人类基因工程的目的之一就是拟通过了解人体内各种蛋白质的结构、功能、相互作用及与疾病或生命现象之间的关系，来寻找预防疾病及治疗疾病的方法。例如，在药物设计中，大多数药物的靶酶都是蛋白质，获取精确的蛋白质空间结构对于研究药物和靶标之间的相互作用来进行药物设计是很好的支撑。

蛋白质结构的研究工作早有涉足，迄今为止，科学家们已发展了很多测定蛋白质结构的方法，并已解析了很多蛋白质的结构。通常，实验测定蛋白质结构的方法按测定对象主要可分成两大类：一类是针对蛋白晶体结构的测定方法，主要有基于 X 射线晶体衍射图谱法（X-ray crystallography）、电镜三维重建技术和中子衍射法等。另一类是蛋白质溶液构象的测定方法，诸如磁共振法（nuclear magnetic resonance，NMR）、圆二色光谱法（简称 CD）、激光拉曼光谱法、荧光光谱法、紫外差光谱法及氢同位素交换法等。两类方法各有优缺点，利用 X 射线晶体衍射法测定出的蛋白质分子构象结果比较可靠，但很多蛋白质难于结晶，很难得到足够大的单晶用来进行结构分析，尤其是膜蛋白目前仍是蛋白分离纯化中的难题。而且和溶液中测定相比，在晶体中测定的蛋白质构象为静态，所以通过蛋白质晶体无法测出不稳定的过渡态构象。另外，X 射线晶体衍射的工作流程较长。磁共振方法虽然不必获取晶体，但对于测定分子质量较大的蛋白的结构仍无能为力。电镜三维重构尤其适于分析难以形成三维晶体的膜蛋白及病毒和蛋白质-核酸复合物等大的复合体的三维结构，但电镜三维重构测定蛋白结构的分辨率直接由电镜分辨率决定，电镜发展程度直接决定测定结果。圆二色光谱是应用最为广泛的测定蛋白质二级结构的方法，是研究稀溶液中蛋白质构象的一种快速、简单、较准确的方法，较接近其生理状态。且测定方法快速简便，对构象变化灵敏，所以它是目前研究蛋白质二级结构的主要手段之一，并已广泛应用于蛋白质的构象研究中，但也要求样品是高纯度样品。

随着结构生物学的测定手段和相关技术的发展，目前蛋白质空间结构的测定速度越来越快。2005 年 2 月，随着基因组测序的进行，已知的蛋白序列远超数百万，而已知结构的蛋白质仅有近 3 万，截止 2015 年 10 月，PDB（protein data bank）上报道已知结构的生物大分子（大部分为蛋白质）也才达 11 万多，但报道的序列已经达 1.89 亿。说明蛋白质空间结构的测定速度远不及蛋白质序列的增长速度。因此，不借助实验而进行的计算机辅助蛋白质结构预测方法成为了目前了解蛋白质结构信息一个行之有效的技术手段。随着基因组和蛋白质组计划的研究进展，大量的具有特殊功能的蛋白质被发现，对蛋白质空间结构预测的要求也越来越迫切。

1970 年 Anfinsen 提出蛋白质分子一级序列决定其空间结构，成为了蛋白质结构预测的理论基础。自然界实际存在的蛋白质是有限的，且存在着大量的同源序列，可能的结构类型也不多，序列到结构的关系有一定的规律可循，因此借助计算对蛋白质结构预测成为可能。科学家们试图从序列的信息得到蛋白质的三维结构，从而很多构象分析方法都被用于多肽的结构分析，例如，Li 和 Scheraga 等用随机搜索的方法研究多肽构象，Gibson 和 Scheraga 曾采用模板逐步构建的方法来研究多肽的构建，但这些方法都局限在较小的多肽的研究，蛋白质的结构及其自由度都远比多肽复杂。

多肽链中沿一个方向排列成具有周期性结构的构象就形成了蛋白质的二级结构。蛋白质的二级结构主要有α螺旋、β折叠和β转角三种基本类型。蛋白质二级结构是研究蛋白质氨基酸序列和三级结构之间的桥梁。1960 年后期，研究者便开始研究蛋白质二级结构预测，发展了大量方法，相对成熟，大致上可分为三类：统计学方法、基于立体化学原则的物理化学方法、神经网络和人工智能方法等。相应地，存在很多蛋白质二级结构预测软件，各有优缺点，基本能很好地预测蛋白质二级结构。有的在线工具，直接是蛋白序列二级结构预测综合站点，只需在网站输入蛋白序列，可以根据研究需要使用各种在线预测工具，包括 Coils、nnPredict、PSSP/SSP、SAPS、TMpred、SOUSI、Paircoil、Protein Hydrophilicity Search 和 SOPM，均可得到理想结果，使用十分方便。

但寻找蛋白质折叠的规律，即蛋白质序列如何决定蛋白质的高级结构，一直是科学家们梦寐以求的目标，所以，更多的蛋白质空间结构的预测是指从蛋白质的一级序列出发，利用各种方法确定分子的三维结构。总体来说，蛋白质空间结构的获得与预测可用图 6-1 来描述，理论预测方法大致可分成以下三类：①理论计算预测，也称为从头预测；②反向折叠预测；③蛋白质同源预测。三类方法中，反向折叠的方法对于序列同源性较差而结构同源性较好的蛋白质的结构预测更为准确，但实现难度较大。目前，更多的研究工作者采用同源蛋白预测的方法进行蛋白质分子的结构预测，这种方法非常依赖模板蛋白的序列同源性，如果序列同源性较差，那么预测结构一般较差。此外，由于有些蛋白质晶体结构的缺少，对这些蛋白质结构的理论预测还存在很大困难。对于既无法找到合适的同源蛋白，也没法找到远程同源蛋白的蛋白质，更适合采用从头预测方法进行结构预测。

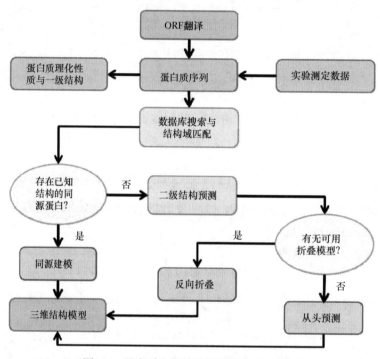

图 6-1　蛋白质空间结构的预测方法示意图

第二节　从头预测法

从头预测法（Ab initio），也称为理论计算预测，是根据基本物理化学原理，利用分子力学、分子动力学计算得到蛋白质分子的三维结构，是一种以物理基础来研究蛋白质折叠的方法。从头预测以分子动力学的原理，由一级结构开始，将蛋白质的残基作为最基本单元，进行优化，来计算出最佳的蛋白质的三级结构模型。该方法以氨基酸和溶液的所有交互作用力为计算根据，以蛋白质的天然构象是自由能最低的构象为理论基础，来寻找分子间最稳定的状态。最后所得结构模型不是以原子为基本单位而是简化为以残基为基本单位，从而使得对蛋白质等大分子进行分子折叠的模拟可以实现。

从头预测基本流程如下。

(1)简化蛋白质构象的表达。通用做法为组建一个非连续的三维格点，格点长度设为一定值，将模型蛋白各个残基的α-碳原子置于格点中，侧链中心置于格点外，以此简化表达蛋白质的构象。

(2)初始构象模拟优化。蛋白质构象得以简化表达后，随机产生一个初始的构象，进行计算机随机模拟优化，常用蒙特卡罗模拟、模拟退火或遗传算法等进行优化，得到大量优化的模型蛋白构象。模拟优化过程中，通常可以选用很多种方式来改变模型蛋白构象，例如，随机地改变某残基侧链的构象；改变相邻两个α-碳原子构象；改变相邻三个α-碳原子构象；改变蛋白质链两端分子片段的构象；随机地改变某一段分子片段的构象；随机对某一段分子片段沿着任何一个轴旋转一定的角度等。

(3)蛋白质构象的评估。选用合适的评估函数及其参数对所得蛋白质构象进行整体评估，通常所选的评估参数都是根据蛋白质数据库中的已有蛋白进行统计分析而来的一些经验参数，主要包括以下6个方面：① Ramachandran 图(拉氏图)；②氢键形成结果；③侧链的构象模式，主要是侧链分布得分情况；④侧链的空间取向；⑤氨基酸残基之间的相互接触情况；⑥残基暴露和被埋藏情况等。

(4)最佳模型搜索：利用构象评估方程，结合计算机模拟算法等优化方法来反复调整构象，设定阈值进行反复搜索，打分，得到最佳模型。

从理论上说，从头预测法是最为理想的蛋白质结构预测方法。在实际中，这种方法往往不适合。主要有几个原因，一是天然的蛋白质结构和未折叠的蛋白质结构，两者能量差值很小(1kcal/mol 数量级)，加之计算采用近似处理带来的误差，也让计算很难真实反映蛋白质天然结构；二是蛋白质可能的构象空间庞大，蛋白质折叠的计算量非常大，现有计算条件很难实现，目前还只能在短肽水平上进行预测；三是计算中所选力场参数的不准确性也是一个很大的问题。由于蛋白质分子的复杂性，目前的理论计算方法一般只用于结构测定方法或其他预测方法的修正和补充手段，或在初步构建主链结构的基础上用于侧链构象的进一步优化。目前，从头预测法适于仅有氨基酸序列而其他的信息完全无法使用时来预测蛋白质的三维结构。不过，以现有结构的信息数量来看，还无法单纯由序列准确预测蛋白质结构，尤其是在不能借助实验准确测定蛋白结构之前，也不好评定模拟所得结果的好坏程度。

因此，从头预测法是万不得已才采用的一种方法，一般如果拟建蛋白具有同源性很高的参考蛋白，那么首选同源建模方法，如果没有高同源性的蛋白质，则可以考虑反向折叠的方法。

第三节　反向折叠方法

反向折叠法(inverse folding)在更多文献中称为穿线法(threading)，也称之为折叠识别法(folding recognition)。反向折叠法倚重的思路是，蛋白质的序列虽然千差万别，但在自然进化过程中折叠方式的保守性远远大于序列保守性，导致蛋白结构的折叠方式只有几种，因此，虽然有些蛋白质的序列同源性较差，也不影响其具有相似的折叠方式，从而具有极为相似的三维结构和功能。

反向折叠法是将一条序列分段与已知的大量不同的蛋白质结构或是结构的片段进行逐一比对，得出该序列最有可能折叠成为哪一种结构，再将氨基酸序列折叠成立体结构在空间中的各种可能位置，再由空间组合的计分方法，计算不同排列组合的得分，由得分高低的序列折叠成为某一立体结构的概率并对其进行筛选。简言之，把未知的氨基酸序列和各种已存在的三维结构相匹配，由序列折叠而成空间结构并评估，得最优结果。这种方法的关键在于如何建立有效的方法来定量评价序列和结构之间的匹配关系。序列与折叠结构的匹配技术选择和打分函数的确定是科学家们一直摸索和探讨的难点。最典型的例子，1992 年 Jones 等首先从PDB 数据库中挑选蛋白质结构建立折叠子数据库，选取新建折叠数据库中的折叠结构作为模板，将目标序列和模板一一匹配，采用合适的打分函数来判断匹配程度，依次排序，确定得分最高的模板作为目标序列最信赖的折叠结构。

一、折叠数据库的准备

折叠数据库要求蛋白质应包含尽量多的折叠模式，通常含有 100～200 种折叠方式，且蛋白质的结构已经得到精确解析；两个蛋白代表两种不同的折叠方式，两者的结构相似性越低越好，序列同源性越低越好，一般不超过 35%。

二、建立合适的势函数

不同的反向折叠方法中的势函数是不相同的，一般可经统计分析得到合适势函数。比如在 Profile-3D 中，就采用了简单的残基在不同化学环境中分布的比率。在拓扑指纹方法中，就采用的通过统计分析得到的势函数，其中重点包含氨基酸残基，按照溶剂可及表面包埋/暴露不同对在不同位置上残基来进行的蛋白质分类、残基接触相关信息、能量参数等。

三、折叠模式的确定

采用合适的势函数对序列和蛋白质的匹配情况进行评估，得出其适应性得分（compatibility score），再对数据中的所有折叠方式均计算模型蛋白的适应性得分，根据得分大小确定模型蛋白的正确折叠方式。

四、蛋白最终模型的建立

根据模型蛋白的折叠方式，将具有此折叠方式的蛋白质作为参考蛋白，依据与同源蛋白质类似的方法建立最终模型。

第四节　同源建模

相比蛋白质的一级结构，蛋白质的三维结构在进化过程中更加保守，由此形成了同源建模（homology modeling）的理论基础。同源建模是现在广泛应用的一类预测蛋白质三维结构较为成熟的方法，准确性和实用性更高。同源建模假设蛋白三维结构的同源性由序列的同源性决定。结构未知的蛋白质，一般称为目标蛋白，是可以通过寻找与其序列同源且结构已知的蛋白质作为参考蛋白来进行三维结构预测的。如果一对自然进化的蛋白的序列具有 25%～30%的等同部分或者更多，则可以假设这两个蛋白质折叠成相似的空间结构。所以，一般认为，如果目标蛋白与参考蛋白的序列同源性在 50%以上，则通过参考蛋白同源建模得到的目标蛋白准确性很高；若同源性在 30%～50%，预测所得目标蛋白准确性较好；若低于 30%，则说明通过同源建模结果不可靠。

蛋白同源建模的基本步骤如下。

（1）搜索并确定目标序列相同的同源参考蛋白。

（2）确定结构保守区（structurally conserved regions，SCRs）：先把参考蛋白的结构保守区选定，再把目标蛋白与模板蛋白的序列进行比对，确定两者的序列保守区域。

（3）蛋白质主链结构的建模：利用参考蛋白的序列保守区域坐标复制给目标序列，初步构建目标蛋白的主链结构模型；通过环区建模确定目标序列中和模板比对所得空位的其他区域的结构，主要是 C 端和 N 端及 loops 区或柔性区域的结构，从而得到完整的主链结构模型。

（4）蛋白质侧链结构的建模：构建并优化模型的侧链，通过旋转异构体数据库确定目标蛋白残基侧链的坐标。

（5）建模结构的优化与评价：用分子力学或分子动力学对搭建的模型进行修正；评估搭建蛋白模型在结构上和折叠模式上的合理性。

以上步骤中，其中决定模型的准确性和可信度的关键步骤是目标与模板的序列比对和环区建模。

一、同源参考蛋白的搜索

参考蛋白的确定是同源建模的第一个关键步骤，这一步一般通过搜索蛋白质结构数据库来实现，常用的数据库有 Swiss-Prot、PDB、SCOP、CATH、DALI 和 KEGG 等。运用相似性搜寻工具，一般为 BLAST、FASTA 和 PSI-BLAST（BLAST 的改进版：位点特异性反复 BLAST）。

前面章节对 BLAST 已有详细介绍，从目标序列出发搜索蛋白质结构数据库，得到有已知结构的同源序列，选取一个或几个作为目标序列的模板，将目标蛋白序列与数据库中的蛋白质进行双序列比较，找出同源蛋白质。FASTA 程序引用取代矩阵实行局部比对，达到较高的搜索灵敏度，从而获得最佳搜索。FASTA 主要思路是，先寻找得分高的局部区域，再把这些高分区域进行连接，连接时减去连接空位导致的罚分，得到目标氨基酸的一个整体得分，以此评价它和参考蛋白质之间的序列同源性。在 FASTA 中一个关键的参数是序列比对的单位数 ktup，当 ktup=1 时表示序列比对的是一个氨基酸残基，ktup=2 指比对的是两个氨基酸残基，依次类推，ktup 越大，比对的残基数越多，搜索时间越短。FASTA 将要搜索的数据库序列丰富程度决定了搜索结果好坏，数据库的选择也不容忽视，一般首选弗吉尼亚大学的数据库序列，京都大学（Kyoto University）KEGG 站点的序列数据库也是个不错的选择。

对于同源性低的模板，常用更为灵敏的 PSI-BLAST 和 HMM 来搜索。Bino Johni 等发展的 ISS 方法灵活性更高，该方法引入了中间序列的概念，认为如果存在一个序列，与目标和模板序列都有同源性，那么说明目标与模板具有同源关系。

无论选用何种方法进行搜索，参考模板选择依据是参考蛋白与目标蛋白序列一致性必须大于 30%，因此，以下几种情况的蛋白更多地被选择作为参考模板：①经由多重序列排列或演化树的分析找到的与未知结构蛋白质序列最接近的蛋白质结构；②resolution＜3Å 和 R-factor 越低的候选结构；③完整性越好的三维结构，尤其是环状结构部分越完整的越好；④与未知结构蛋白质作用最接近的蛋白质结构，如配体结合受体、酶的活性部位等。

二、结构保守区域的确定

结构保守区域不同于序列保守区域，序列保守区域是指不同蛋白质的氨基酸序列相似的区域，而结构保守区域是从肽链骨架角度看空间上的保守性。蛋白质中内核肽段的氨基酸序列有很好的保守性，通常，具有相似理化性质的氨基酸残基是可以相互替换，但替换后肽链骨架原子的构象没有发生多大变化，而序列已经发生了明显变化，因此，从结构上考察区域保守性比从序列上考察更为合理。

结构保守性主要计算方法是通过对蛋白质之间的肽段主链坐标的 RMS 值计算来确定的。构造一个蛋白质 A 的 C_α 碳距离矩阵，选用一端连续的氨基酸片段作为探针片段，再从另一蛋白 B 中从头开始依次选取等长片段和探针片段进行主链原子的距离矩阵比较，当 RMS 值小于用户设定的阈值就可认为探针片段和蛋白质 B 中对应的片段是可能的结构保守区域。RMS 值越小，越有可能选择这些主链片段作为模板。值得注意的是，选取探针片段时，原则上该片段不能跨越 2 个二级结构单元。

三、序 列 比 对

通过序列排列和定位可以确定序列保守区域，得到同源蛋白的结构排列，为下一步给 SCRs 赋坐标做好准备。如果一个蛋白质有多个同源蛋白质，建立模型时就要考虑到多条序列之间的对比排列。相比较双序列排列，多重序列排列可获得可信度比较高的结构信息。目标模板比对本质上是确定目标序列和模板结构之间的关系，显然序列和结构信息越多，越能提高预测的准确性。

多重序列比对最佳结构排列的获取流程：运用多序列排列方法，如 ClustalW，产生一个多重序列排列；利用 DALL 的 FSSP 将两个以上的模板做结构叠合并产生模板的结构排列；以二级结构预测方法，如 PHD 来预测目标蛋白质的二级结构，选用可信度高的二级结构。将第一步产生的多重序列依据模板结构排列，进行目标蛋白质的二级结构预测结果及同源蛋白质的实验结论等综合评估。原则上，gap越少越好，且二级结构(主要是 α-helices 和 β-strands)之间最好没有间隔。定义由多重序列比对产生的结构保守区域及结构变异区域，通常结构保守区域位于α-helices 和 β-strands，而结构变异区域位于 loops。

四、模 型 搭 建

模型搭建主要包含三部分内容：保守区域序列的坐标赋予，柔性区域残基的坐标赋予和柔性侧链构象的预测。

（1）保守区域序列的坐标赋予：结构保守区域中的目标序列可以直接继承模板的结构，目前介绍的继承方法有三种：rigid-body assembly、segment matching 和 satisfaction of spatial restraints。Rigid-body assembly 刚性片段组合法：模板结构的主链直接指定为目标蛋白质的主链。首先将模板进行结构重叠，其次计算模板结构保守区域的 C_α 的坐标平均值。模板结构主链的核心部分构建为目标基本的主链骨架。相应的氨基酸残基完全相同，把参考蛋白的相应残基坐标直接拷贝给目标序列中的残基；如果残基不同，则先把目标蛋白的主链坐标拷贝给模型蛋白，对于侧链尽量保持其相似的构象模式，即相应的侧链二面角尽量保持一致；如模型蛋白的侧链长度大于参考蛋白，则无法匹配的侧链结构取其扩展构象。最后调整目标结构中主链各个原子的位置，使主链骨架构象符合立体化学原则。Segment matching：片段匹配法，或称坐标重建，是以模板结构的一小组原子位置当作指示位置来辨识和组合符合指示位置的既短且全的原子的片段。Satisfaction of spatial restraints 空间限制满足法：假设目标和模板结构排列的残基的相对距离和角度是相似的，所以将模板结构解读为限制条件，这些立体化学的限制条件包含键长、键角、二面角、非共价接触，只要目标结构符合某些限制条件，即产生模拟结构，再经由距离几何或真实空间优化方法来最小化不符合限制条件部分。

（2）柔性区域的残基坐标的赋予：序列排列形成一定长度的组合块后，不同组合块之间的部分为柔性区。因为主要由环状结构连接二级结构，而且环状结构通常暴露在蛋白质表面，环状结构更是决定蛋白活性和结合部位等功能专一性的主体，所以，柔性区通常存在于环状结构（loops）区域，也就是蛋白质结构变异区域。环状结构坐标模拟方法基本上就是两种：从头设计的方法和数据库搜索方法，或是两种方法的联用。从头设计方法是在指定的环境下，用构形搜寻或随机产生大量构形，再依据能量学或其他判断准则来选出候选的构形，常见的是根据物理化学和量子化学原理选出能量最低的稳定结构。数据库搜索的方法就是搜寻蛋白质资料库中已知结构的环状结构，根据序列相关或几何基准，例如，N 端和 C 端的距离，找出符合目标环状结构所需的个数和端点（end-to-end points）距离的构形。

（3）柔性侧链构象的预测：当蛋白质序列一致性小于 30%时，侧链 packing 的保守性相对降低。在结构保守区域中，目标的侧链可直接由模板继承，而侧链模拟主要是预测变异的氨基酸侧链。

即使假定氨基酸残基的键长和键角是不变的，但每个残基只有二面角的两个可变参量，让蛋白质的构象预测存在很大困难。至今，肽链的整个拓扑结构仍然无法明确，加之，许多氨基酸残基的侧链有一个或几个自由度，因此，从头确定几个可动侧链的最佳结构都是不可能的。然而，研究统计结果显示蛋白质的侧链结构一般只存在几种可能的构象，对于具有两个可旋转二面角的氨基酸侧链一般只存在4~6种构象模式，也就是把两个可变参量加以辅助限制，从而为预测提供可能。

已有研究表明，侧链的某些几何异构体是和某些二级结构模式相联系的，同时，在同源蛋白质中相应的残基一般保持同样的构象，因此，可搜寻侧链旋转异构体构象库，来实现氨基酸侧链的预测。侧链旋转异构体构象库主要有以下两类：主链依附转动子资料库和主链独立转动子资料库。其中，主链依附转动子资料库储存已知结构侧链的可能构形，包含转动子的观察频率或预期频率，每一种侧链的构形与主链的二面角或与邻近的氨基酸序列相关联，这种关联显著体现在侧链二面角概率和主链二面角估计值之间。主链独立转动子资料库是经由 Monte Carlo 演算或能量最小化方法，建立20个氨基酸侧链倾向的转动子组，这些转动子组与局部的环境无关联。

接下来就是把一组侧链构象的最佳组合加以确定。即使只有几个侧链，实现也很不容易。一般是定义一个系统搜索的过程，与原来构象进行比较。1992年，Novotney 提出了一种预测侧链构象的方法：依次估计每个侧链的最佳构象，全部侧链进行一个依次循环操作，设定收敛的条件是两次循环之间的能量差小于一定的阈值。这种方法简单、实用、迅速，多数同源蛋白预测系统中侧链的修正都采用了这样的方法，比如 Insight II 中的 Homology 模块及 Sybyl 中的 Composer 模块。

五、模型的优化与评估

模型获得初始坐标后，要对分子结构进一步优化用来消除原子间的重叠和某些不合理的构象，尤其是非保守区的构象。优化一般采用分子力学进行能量最小化和有限的分子动力学模拟。优化时，为了减少初始步骤中不合理构象的影响，一般采取分步限制的优化方法。即先约束体系中的所有重原子，优化氢原子，以使分子中所含氢键达到合理构象；接下来约束主链重原子，优化侧链；再接下来只约束 Ca 原子，维护基本骨架结构，优化所有其他原子；最后放开约束，优化整个体系。修正过程中，须设定合适的溶剂条件，注意考察溶剂效应、立体化学合理性、序列与结构相容性等。

评估模型质量的手段很多，一般可以从立体化学、能量轮廓、残基环境和结构相似等方面来进行评估。立体化学方面主要是 Ramachandran 分布图评估，考察内容主要是蛋白质主链分子中键长、键角和二面角的分布，非共价接触，包裹，溶剂可及表面，亲水性、疏水性氨基酸分布，分子表面极性和非极性的分布，主链氢键结构等大量信息（最常用软件是 PROCHECK），所以拉氏图一般是基本考察指标。能量轮廓方面计算的是所有残基的能量分布。残基环境方面采用反向折叠的方法，通过序列和结构匹配性来评估搭建蛋白的折叠模式。结构相似性方面，是将新结构与模板结构叠合来计算 C$_\alpha$ 原子的 RMS 值，其值越小，结构越相似。

最后，分析新模型与模板结构和参考文献所得的信息，比如突变结果、生物活性方面等，进一步修正新结构，来增加其合理性和可信度。

六、同源建模的应用和展望

随着信息学、计算机硬件和预测方法的发展，结构模型预测准确性得以提高，同源建模所需资源少、时间短，以其独到的优势，得到的蛋白模型足以诠释蛋白质序列、结构和功能之间的关系，便于了解点突变对蛋白质结构和功能的影响，从而可以在蛋白质设计和计算机辅助药物设计等方面得到广泛应用，在后基因组时代，也能更好地促进基因组和蛋白质组等信息在生物工程中的应用。

同源建模的每个步骤可以用不同的程序分别完成，也可以使用自动建模的程序来完成。目前，同源建模在线服务器很多，可以直接通过在线提交数据获得结果，如 Swiss-model、I-TASSER、ESyPred3D、HOMCOS1.0 等，简单、自动化、对学术团体免费。也有很多简便软件，如 Modeller、Easy Modeller。

1993 年，Sali 等提出的 Modeller 模型预测方法，能自动地构建蛋白质的三维结构，使用方便。Modeller 第一步也要进行同源蛋白质序列比对，优化基于序列同源蛋白质几何性质（如原子间的距离和二面角）的目标方程建立模型。几何性质用概率密度函数来描述，模型分子的搭建过程转化为对该函数的优化过程。首先产生模型的三维坐标，然后通过共轭梯度优化目标方程，使得目标函数取得最大值。最后，对模型分子进行分子力学或分子动力学模拟退火优化，得到最优的模型。

目前，新版 Modeller 9.14 使用的简要操作如下。

(1)给出一个 Basic example 文件夹。

(2)TVLDH 搜索结构，主要是靶蛋白，建立 TVLDH.ali 文件（NCBI，Protein 中获得）。

打开 TVLDH.ali 文件：文本文档下改名"＞P1；TVLDH"。

最后"*"结尾，sequence：TVLDH：：：：：：0.00：0.00，10 个区域冒号分开，中间氨基酸代码用一个字符代替。

(3)选择模板(pdb_95.pir 和 build_profile.py 均拷到目录下)搜索已知结构的相关序列，用 build_profile.py；*.py 代表执行文件。

1)初始化环境参数。

2)创建一个新的"sequence_db" object，"sdb"。

3）去冗余 pdb_95.pir，序列可以去 30 个以下或 4000 个以上残基或没有。

4）把刚读入的所有序列写成二进制编码文件。

5）读入二进制。

6）新建"alignment"文件，"aln"；读取 TVLDH，从 TVLDH.ali 转变为"TVLDH.prf"，改成*.prf 文件，信息不变，基本与 alignment 相似，但更利于比对。

7）用"prf"搜"sdb"，比对写入信息。

8）写下搜索序列和同源体，将等价信息写成标准格式。

命令为：mod 9v1 build_profile.py

如果这里提示"False，没关系！"，出现 log 文件，查看 log 文件：

Errors   "_E>"

Warnings   "_W>"

*.ali 和 *.prf 都可以看比对序列信息，"build_profile.prf"（比较序列信息时，输出的 PDB 序列的编码），TVLDH 与一个 PDB sequence 有多少个匹配及匹配百分率和序列比对的 e-value 值都是重要信息。E 值，E=0，期望值越小，随机性越小，可以选出。一般匹配率越高越好，大于 30% 就比较好了，同时匹配率越高，匹配数目越大。对于 PDB 编码后面的"A"不予理睬。把 E=0，一致率高的下载（从 PDB 里下载），如一共 6 个，则 6 个全部下载，把 6 个结果拿来比较。

运行 mod 9.14 compare.py。

查看 log 文件，分辨率越高越好，也就是距离值越小越好，如 1.9Å、1.8Å、2.0Å，则 1.8Å 最好。

运行后，利用 R-factor 评价结构因子，进行初步结构的评价。

选用最好模板。

（4）比较。

Alignzd.py（序列比对）。

同源比对：把一致的地方坐标保留，其他不一致的地方用来建模，比对完就开始建模。

（5）建模。

model_single.py

默认的最后建成 5 个模板，可以根据需要自己更改个数。

运行完看 log 文件：DOPE score 值越低越好，也可以 GA341 score 值越高越好。依次选定模板。

（6）评价模型。

Evaluate_model.py

拉氏图(Ramachandran)分析得到最后评价最高的模型。

注意使用同源建模时，NCBI 上，从"Protein"里面找蛋白的氨基酸序列，要对建模所需的蛋白信息有一定了解，比如，要清楚目标蛋白大致有多少个氨基酸，最好选用人同源序列建模。查到后，看结构，存成 FASTA 格式的文件"*.file"，用记事本打开。当然也可以从 UniProt 上查找蛋白或氨基酸序列。

在 Modeller 基础上改进的 Easy Moldeller 也是一款值得推荐的软件，实际上是图形化的可视版的 Modeller，Easy Modeller 4.0 版在 LINUX 和 Windows 操作系统下均可实现。现以 Easy Modeller 4.0 版进行简单使用示例介绍。首先，安装 Easy Modeller 4.0 时电脑上应该先安装并运行了 Modeller(Freely available at salilab.org)和 Compatible Python version(Freely available at www.python.org)。

Easy Modeller 4.0 版具体步骤如下。

第一步：下载目标蛋白查询序列(query sequence)和它的模板，如图 6-2 所示。

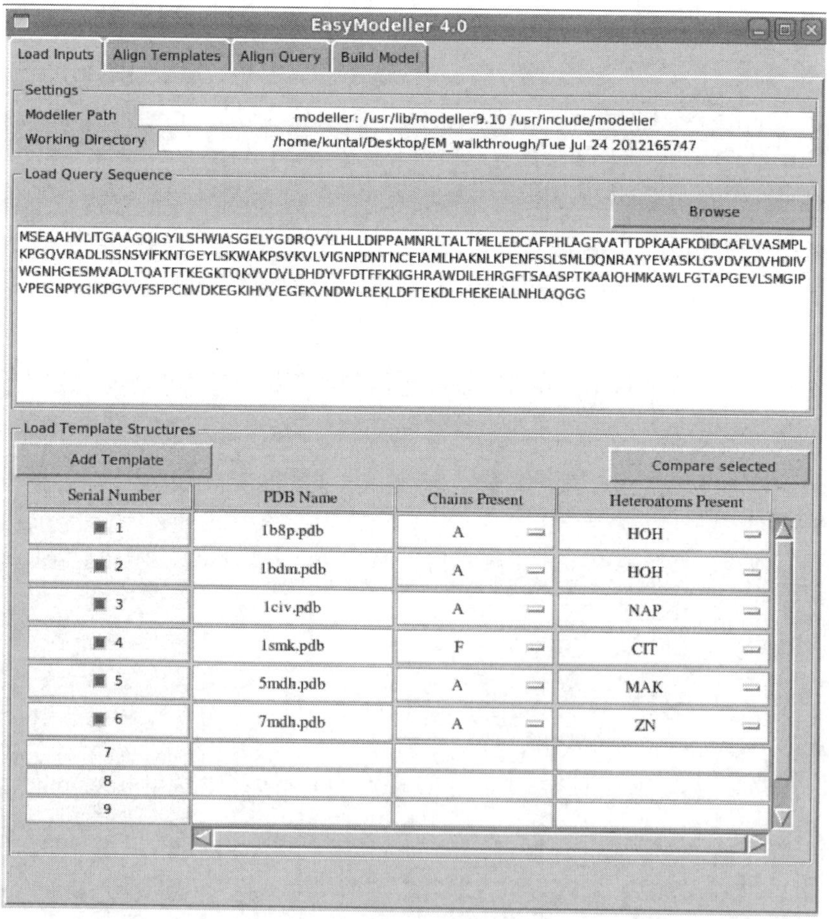

图 6-2　模板查询界面图

首先在"Load Inputs"界面下加载 query sequence，模板序列也可以点"Browse"导入 FASTA 格式文件，将在"Load Query Sequence"下显示序列，重点注意序列中不能有任何 gap。

用作查询序列的合适模板可以用"Add Template"载入，比如使用 BLAST 在 PDB sequence database 中搜索比对后得到的结果好的模板。

"Compare selected"可以用来进行模板比对。

第二步，模板比对，如图 6-3、图 6-4 所示。

在"Align templates"子窗口下选择"Align Template"按钮进行模板序列的比对。这一步实际上实现的是 Modeller 中的比对命令，如图 6-3 所示，然后会在画布窗口显示比对结果。通过比对的氨基酸将把相似性高的序列和保守的残基进行着色，完全一致的会在下方显示一个"红色"正方形标记，如图 6-4 所示，可以看到三个模板序列比对结果。

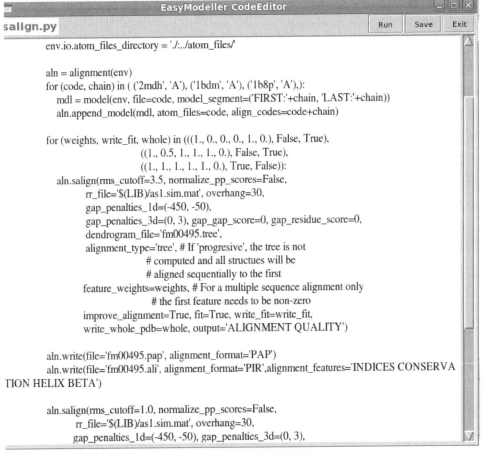

图 6-3　Easy Modeller 编辑代码子界面

用于比对的代码可以通过使用键"Edit Code"看到。点击"Edit Code"出现一个新的窗口如图 6-3 所示，这里显示的是比对执行的相应的代码，可以在执行过程中进行编辑，也能通过"Run"按钮来运行编辑过的编码。由此生成的比对结果，可以放大、缩小，也可以保存为 PostScript 图像文件。"Edit Alignement"功能可用于编辑所生成的比对。

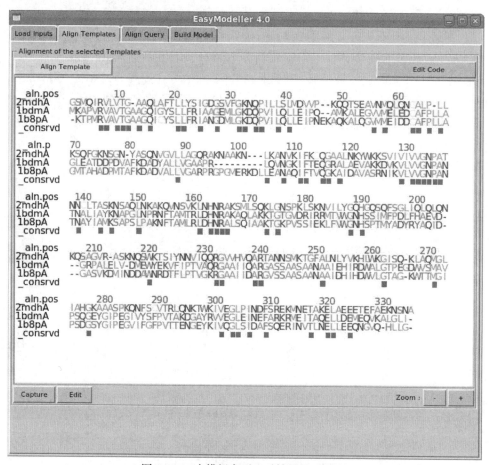

图 6-4　三个模板序列比对结果显示界面

第三步：将查询序列与多个合适模板进行比对，如图 6-5 所示。

在"Align Query"子窗口下，查询序列可以与模板序列进行比对。选择"Align Query with Templates"按钮执行比对操作。同第二步，这一步的 Modeller 代码也可以用户自己编辑和修改并执行，同样在画布窗口会把一致的保守残基用"红色"正方形标记出来。二级结构的预测，即 α 螺旋和 β 折叠的出现概率，在图中也一并用不同颜色的小方框表示出来了，"红色"表示高置信度，出现可能性大，而

"绿色"代表出现概率低。

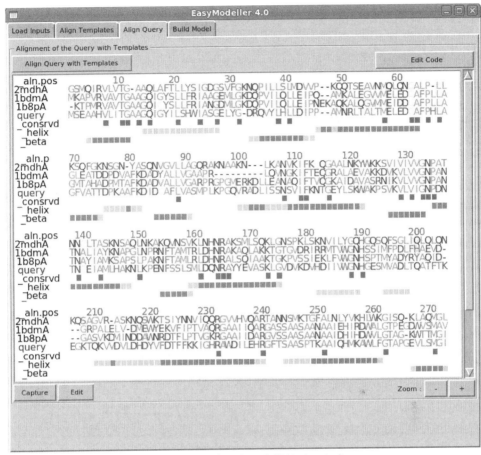

图 6-5 查询序列与三个模板逐一比对

第四步：生成模型，如图 6-6~图 6-7 所示。

接下来的最后一步是生成模型。这可以从"Build Model"选项卡中使用"Generate Model"功能来完成。选择此功能的用户会收到提示设定的模型生成数，是否包括所选择的杂原子(仅用于单个模板建模)和是否对所述生成的模型进行自动环区建模。

Modeller 同样可以在命令提示符(或终端窗口)输出，自行定义和编辑。生成模型的代码可通过"Edit Code"和"Run"两个选项很好地自定义，并将新编辑的建模工具在这里运行，如图 6-6 所示。

如图 6-7 所示，生成的模型出现在显示框中的"Generated Models"，可以使用图中右边一组功能选项进行操作，查看模型质量或对模型进行进一步细节处理。图下方 DOPE 曲线图是通过生成模型的点或是生成模型的点叠加而成的曲线图。

生成的图可以用鼠标放大。

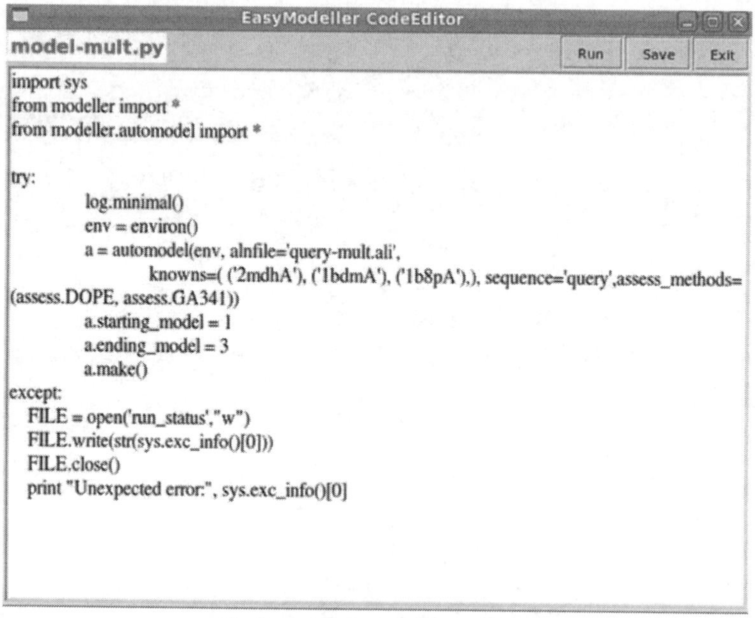

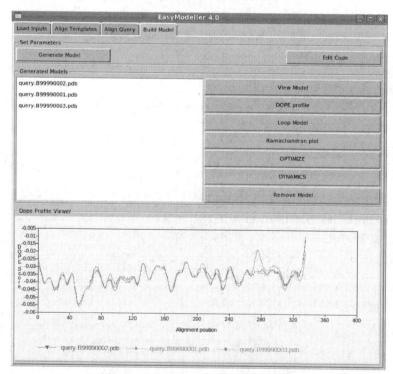

图 6-6　生成模型代码编辑界面

图 6-7　生成模型和 DOPE 叠加曲线图

　　同时，Ramachandran 图也能通过图中右边按钮选择生成，可以用鼠标选择和鼠标悬停在一个点来放大显示其残基序号和名称。如图 6-8 所示，实线的边界线形成的是残基存在的核心区域；虚线边界形成的是允许残基存在的区域。一个好的模型应该是 90%以上的残基都落在容许区域，即虚线区域。

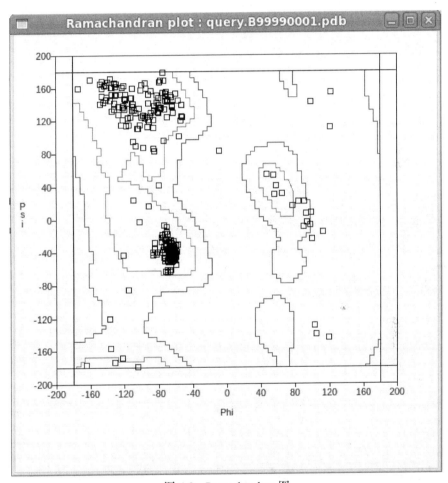

图 6-8　Ramachandran 图

　　"Loop Model"，是可以通过选择起始和结束的环区的残基来模建环区，得到环区模型特征，如图 6-9 所示。所生成的模型也可以使用 "Optimize" 功能来优化，这个选项是允许用户基于模型的分子优化来执行简单的共轭梯度和模型的陡速下降进行优化。"dynamics"，是一个简单的分子动力学功能，可实现对模型执行基本的动力学研究。"View Model"功能可用于利用安装在系统中的默认 PDB 看图工具，观察所生成的模型的三维结构，如图 6-10 所示。

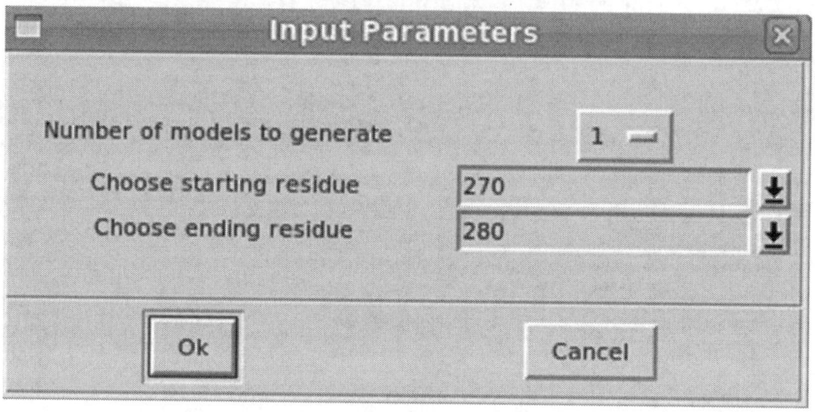

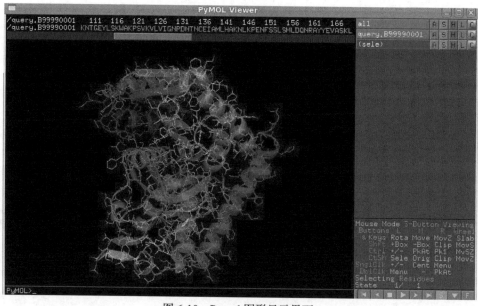

图 6-9 输出参数界面

图 6-10 Pymol 图形显示界面

总体来说，Easy Modeller 实现了可视化操作，应用更简单。目前，同源建模虽然能很大程度满足结构生物信息学和药物设计工作者的需要，但仍有很大提升空间，同源建模所得模型准确性主要依赖于模板的质量和关键步骤的准确性，所以，同源建模的主要挑战就是结构模型的优化，同时，理想状态是寻找更合理的优化方法来使所建模型接近蛋白的真实结构，而不是模板蛋白结构。

第五节 蛋白结构预测中常用的网站

蛋白结构预测涉及的机构、软件和网站已经非常丰富，参考多人文献，整理得出蛋白结构预测中常用的网站如表 6-1 所示，主要包括几个方面：蛋白和序列数据库、模板搜索方法、二级结构预测网站、穿线法预测网站、序列比对、同源建模、模型评价及可视化工具等。

表 6-1 蛋白结构预测中常用网站

Name	URL address
Database	
PDB	http：//www.rcsb.org/pdb/
GenBank	http：//www.ncib.nlm.nih.gov/Genbank/index.html
SWISS-PROT	http：//kr.expasy.org/sprot/
SCOP	http：//scop.mrc-lmb.cam.ac.uk/scop/
SRS	http：//srs.ebi.ac.uk/
TrEMBL	http：//www.expasy.org/sprot/
PSD and PIR	http：//www.pir.georgetown.edu
PROSITE	http：//www.expasy.ch/prosite/
CATH	http：//www.bichem.ucl.ac.uk/bsm/cath_new/index.html
DALI	http：//www.ebi.ac.uk/dali/
KEGG	http：//www.kegg.jp/
Tempalate searching tool	
BLAST	http：//www.ncbi.nlm.nih.gov/BLAST/
FASTA	http：//www.ebi.ac.uk/Tools/sss/fasta/
PSI-BLAST	http：//www.ebi.ac.uk/Tools/sss/psiblast/
Secondary structure prediction	
PHD	http：//www.embl-heidelberg.de/predictprotein/predictprotein.html
SOPMA	http：//npsa-pbil.ibcp.fr/cgi-bin/npsa_automat.pl?page=npsa_sopma.html

续表

Name	URL address
nnPredict	http：//www.cmpharm.ucsf.edu/%7Enomi/nnpredict.html
Threading	
THREADER	http：//insulin.brunel.ac.uk/threader/threader.html
TOPITS	http：//www.embl-heidelberg.de/predictprotein/submit_exp.html
FRSVR	http：//www.doe-mbi.ucla.edu/~frsvr/frsvr.html
Sequence alignment	
ClustalW	http：//www.genome.jp/tools/clustalw/
MSA (Multiple Sequence Alignment)	http：//www.ebi.ac.uk/Tools/msa/ (Including Clustal Omega， Kalign and MAFFT)
BCM server	http：//searchlauncher.bcm.tmc.edu/
Homology modeling	
SWISS-MODEL	http：//swissmodel.expasy.org//SWISS-MODEL.html
MODELLER	http：//guitar.rockefeller.edu/modeller/
WHATIF	http：//swift.cmbi.kun.nl/whatif/
Insight/QUANTA	http：//www.msi.com/language/
Model verification	
PROCHECK	http：//www.biochem.ucl.ac.uk/~roman/procheck/procheck.html
BIOTECK	http：//biotech.embl-heidelberg.de：8400/
AQUA	http：//www.nmr.chem.uu.nl/Software/aqua.php
ERRAT	http：//nihserver.mbi.ucla.edu/ERRAT/
SQUID	http：//www.ysbl.york.ac.uk/~oldfield/squid/
VERIFY3D	http：//nihserver.mbi.ucla.edu/Verify_3D/
Visualization　tools	
RasMol	http：//www.umass.edu/microbio/rasmol/
SWISS-PDBViewer	http：//www.expasy.org/spdbv/
Pymol	www.pymol.org
VMD	http：//www.ks.uiuc.edu/Research/vmd/
Cn3D	http：//www.ncbi.nlm.nih.gov/Structure/CN3D/cn3d.shtml

（张永红）

参 考 文 献

侯廷军，徐筱杰. 2004. 计算机辅助药物分子设计. 北京：化学工业出版社.

魏冬青，顾若需，连鹏，等. 2012. 分子模拟与计算机辅助药物设计. 上海：上海交通大学出版社.

Guex N，Diemand A，Peitsch MC. 1999. Protein modeling for all. TIBS，24，364-367.

Marti-Renom MA，Sturat AC，Fiser A，et al . 2000. Comparative protein structure modeling of genes and genomes. Annu Rev Biophys Biomol. Struct，29(29)：291-325.